普通高等教育机械类课程规划教材

控制工程基础与应用

主　编　周自强　王荣林　郭　霆
副主编　费蓝冰　冯　钧　曹　莉

北京理工大学出版社
BEIJING INSTITUTE OF TECHNOLOGY PRESS

内容简介

本书以应用型本科教育为背景，力图以简明扼要的语言论述自动控制理论的基本概念、基本理论、分析与设计方法。全书共 7 章，分别讲述控制理论的发展与基本概念；线性控制系统的数学模型；控制系统的时域分析方法；控制系统的频域分析方法；控制系统的根轨迹分析方法；控制系统的设计与校正方法；控制工程的应用案例。

本书适合作为机械工程、机械设计制造及其自动化、机械电子工程等非电类相关专业的本科生教材，亦可供有关工程技术人员参考。

版权专有　侵权必究

图书在版编目（CIP）数据

控制工程基础与应用 / 周自强，王荣林，郭霆主编. —北京：北京理工大学出版社，2019.9（2019.10 重印）

ISBN 978-7-5682-7574-3

Ⅰ. ①控… Ⅱ. ①周… ②王… ③郭… Ⅲ. ①自动控制理论–高等学校–教材 Ⅳ. ①TP13

中国版本图书馆 CIP 数据核字（2019）第 204615 号

出版发行 /	北京理工大学出版社有限责任公司
社　　址 /	北京市海淀区中关村南大街 5 号
邮　　编 /	100081
电　　话 /	（010）68914775（总编室）
	（010）82562903（教材售后服务热线）
	（010）68948351（其他图书服务热线）
网　　址 /	http://www.bitpress.com.cn
经　　销 /	全国各地新华书店
印　　刷 /	三河市华骏印务包装有限公司
开　　本 /	787 毫米×1092 毫米　1/16
印　　张 /	13
字　　数 /	300 千字
版　　次 /	2019 年 9 月第 1 版　2019 年 10 月第 2 次印刷
定　　价 /	39.00 元

责任编辑 / 张鑫星
文案编辑 / 张鑫星
责任校对 / 周瑞红
责任印制 / 李志强

图书出现印装质量问题，请拨打售后服务热线，本社负责调换

前　言

　　本书是在响应国家应用型本科教育改革，以及满足社会对一线工程师知识结构要求的背景下，结合编者近年来的教学实践，为机械工程及相关专业所编写的专业教材。

　　全书共7章，主要包括控制工程理论的基本概念；控制系统的数学模型；控制系统的时域分析方法；控制系统的频域分析方法；控制系统的根轨迹分析方法；控制系统的设计与校正方法；典型的工程应用案例介绍。

　　本书力图使复杂问题简单化，简单问题程序化，强调基础性和实用性。在讲述基本概念的基础上，本书对知识的介绍使用简单、通俗的数学论证，使得读者对控制工程理论有一个全面、基本的理解。书中的例题经过精心安排，在各部分内容介绍时，适时插入MATLAB仿真内容，便于对理论知识的验证，使得读者可以深刻理解所学的相关内容。每章后面都配有习题，以便读者巩固所学知识。

　　本书由周自强、王荣林、郭霆任主编，费蓝冰、冯钧、曹莉担任副主编。参加编写工作的有：常熟理工学院周自强（第1、2、7章），南京理工大学泰州科技学院王荣林、冯钧（第5、6章），江苏科技大学郭霆（第4章），江苏科技大学费蓝冰、曹莉（第3章）。全书由周自强统稿并修改定稿。

　　本书适合作为机械工程、机械设计制造及其自动化、机械电子工程等非电类相关专业的应用型本科生教材，亦可供有关工程技术人员学习参考。

　　在本书的编写过程中，编者参考了许多的优秀教材，受益匪浅，特向其作者表示真诚的谢意。与此同时，由于编者水平有限，书中难免会有不妥和错误之处，恳请读者批评指正。

编　者

目　　录

第1章　绪论 ·· 1
　1.1　控制工程的发展历史 ·· 1
　1.2　控制系统的概念和基本原理 ·· 3
　　　1.2.1　控制系统的基本概念 ·· 3
　　　1.2.2　开环控制和闭环控制 ·· 3
　　　1.2.3　闭环控制系统的组成 ·· 4
　1.3　控制系统的基本类型 ·· 5
　　　1.3.1　按输入量的特征分类 ·· 5
　　　1.3.2　按系统中传递信号的性质分类 ··· 7
　1.4　对控制系统的基本要求 ··· 7
　　习题 ··· 8

第2章　数学模型 ·· 9
　2.1　系统的运动微分方程 ·· 9
　　　2.1.1　列写系统微分方程的一般步骤 ··· 9
　　　2.1.2　控制系统常见元件的物理定律 ··· 9
　2.2　拉氏变换和反变换 ·· 11
　　　2.2.1　拉氏变换的定义 ··· 12
　　　2.2.2　几种典型函数的拉氏变换 ·· 12
　　　2.2.3　拉氏变换的主要定理 ·· 13
　　　2.2.4　拉氏反变换 ··· 14
　　　2.2.5　部分分式展开法 ··· 16
　2.3　传递函数 ·· 19
　　　2.3.1　传递函数的概念和定义 ··· 19
　　　2.3.2　特征方程、零点和极点 ··· 20
　　　2.3.3　关于传递函数的几点说明 ·· 21
　　　2.3.4　典型环节及其传递函数 ··· 21
　2.4　系统框图和信号流图 ·· 27
　　　2.4.1　系统框图 ·· 27
　　　2.4.2　系统框图的简化 ··· 30
　　　2.4.3　系统信号流图和梅逊公式 ·· 34
　　　2.4.4　控制系统的传递函数 ·· 36
　2.5　非线性数学模型的线性化 ·· 38
　　　2.5.1　线性化问题的提出 ··· 38

  2.5.2 非线性数学模型的线性化 ················ 38
  2.5.3 系统线性化微分方程的建立 ··············· 39
 2.6 控制系统传递函数推导举例 ·················· 41
  2.6.1 机械系统 ····················· 41
  2.6.2 液压系统 ····················· 43
  2.6.3 液位系统 ····················· 45
  2.6.4 机电系统 ····················· 47
 习题 ·························· 49

第3章 时域响应分析 ······················ 52
 3.1 时域响应以及典型输入信号 ·················· 52
  3.1.1 阶跃函数 ····················· 52
  3.1.2 斜坡函数 ····················· 52
  3.1.3 加速度函数 ···················· 53
  3.1.4 脉冲信号 ····················· 53
  3.1.5 正弦函数 ····················· 54
 3.2 一阶系统的时域响应 ····················· 54
  3.2.1 一阶惯性环节的单位阶跃响应 ·············· 54
  3.2.2 一阶惯性环节的单位速度响应 ·············· 56
  3.2.3 一阶惯性环节的单位脉冲响应 ·············· 56
  3.2.4 线性定常系统时间响应的性质 ·············· 57
 3.3 二阶系统的时域响应 ····················· 57
  3.3.1 二阶系统的单位阶跃响应 ················ 58
  3.3.2 二阶系统的性能指标 ················· 62
 3.4 误差分析与计算 ······················ 66
  3.4.1 稳态误差的基本概念 ················· 67
  3.4.2 稳态误差的计算 ··················· 68
  3.4.3 稳态误差系数 ···················· 69
 3.5 稳定性分析 ························ 75
  3.5.1 稳定的概念 ···················· 75
  3.5.2 系统稳定的充要条件 ················· 75
 3.6 稳定性判据 ························ 76
 习题 ·························· 79

第4章 频域响应分析 ······················ 81
 4.1 频率特性的概念及其基本实验方法 ················ 81
  4.1.1 频率特性的概念 ··················· 81
  4.1.2 频率特性的实验求取 ················· 84
 4.2 极坐标图 ························ 85
  4.2.1 极坐标图 ····················· 85

    4.2.2 典型环节的极坐标图 ·· 86
    4.2.3 系统极坐标图的一般画法 ·· 90
  4.3 对数幅相频特性图 ··· 94
    4.3.1 对数坐标图 ··· 94
    4.3.2 典型环节的伯德图 ·· 95
    4.3.3 伯德图的一般画法 ··· 100
    4.3.4 最小相位系统 ·· 103
  4.4 由频率特性曲线求系统传递函数 ······································ 104
  4.5 由单位脉冲响应求系统的频率特性 ··································· 105
  4.6 对数幅相特性图 ·· 106
  4.7 控制系统的闭环频响 ·· 107
    4.7.1 由开环频率特性估计闭环频率特性 ··························· 107
    4.7.2 系统频域指标 ·· 112
  4.8 奈奎斯特稳定性判据 ··· 114
  4.9 应用奈奎斯特稳定性判据分析延时系统的稳定性 ··················· 117
  4.10 由伯德图判断系统的稳定性 ··· 118
  4.11 控制系统的相对稳定性 ·· 120
  4.12 机械系统动刚度的应用 ·· 122
  4.13 借助 MATLAB 进行控制系统的频域响应分析 ···················· 124
    4.13.1 频率响应的计算方法 ·· 124
    4.13.2 频率响应曲线的绘制 ·· 124
  习题 ··· 125
第 5 章 根轨迹法 ··· 129
  5.1 引言 ·· 129
    5.1.1 基本概念 ··· 129
    5.1.2 根轨迹方程 ·· 130
  5.2 根轨迹的绘制 ·· 131
    5.2.1 基本法则 ··· 131
    5.2.2 举例 ·· 134
  5.3 根轨迹的性能分析 ··· 137
  5.4 MATLAB 根轨迹应用举例 ·· 138
  习题 ··· 140
第 6 章 系统校正与 PID 控制 ··· 142
  6.1 引言 ·· 142
    6.1.1 系统校正的基本概念 ·· 142
    6.1.2 控制系统的性能指标 ·· 143
    6.1.3 校正的方式 ·· 143
    6.1.4 控制系统理想伯德图 ·· 145
  6.2 串联校正 ·· 147

  6.2.1 串联超前校正网络 ·· 148
  6.2.2 串联滞后校正网络 ·· 152
  6.2.3 串联滞后-超前校正网络 ·· 154
  6.2.4 串联超前、串联滞后和串联滞后-超前校正的比较 ····················· 156
 6.3 反馈校正 ··· 156
 6.4 PID 校正 ··· 158
  6.4.1 P 控制——比例控制器 ·· 159
  6.4.2 PD 控制——比例-微分控制器 ·· 159
  6.4.3 I 控制——积分控制器 ··· 161
  6.4.4 PI 控制——比例-积分控制器 ·· 161
  6.4.5 PID 控制——比例-积分-微分控制器 ·· 162
 6.5 MATLAB 在校正中的应用 ·· 163
  6.5.1 串联超前校正 ·· 163
  6.5.2 串联滞后校正 ·· 165
 习题 ··· 167

第 7 章 控制工程应用实例 ·· 170
 7.1 控制系统的设计方法 ·· 170
 7.2 单级倒立摆的建模与控制 ·· 171
  7.2.1 倒立摆的结构与工作原理 ·· 171
  7.2.2 系统的数学模型 ··· 171
  7.2.3 系统线性化 ··· 173
  7.2.4 倒立摆的 PID 控制器设计 ·· 173
  7.2.5 MATLAB 系统仿真 ·· 174
 7.3 张力控制器的设计与应用 ·· 175
  7.3.1 控制系统的数学模型 ··· 176
  7.3.2 控制系统的实现方案 ··· 177
  7.3.3 控制系统的编程组态 ··· 178
 7.4 纠偏系统的设计与应用 ··· 180
  7.4.1 缠绕偏移分析 ·· 180
  7.4.2 纠偏装置结构设计 ·· 181
  7.4.3 纠偏控制系统设计 ·· 182
  7.4.4 增量式 PID 控制算法 ·· 183
 习题 ··· 183

附录一 常用函数的拉氏变换 ·· 185
附录二 部分习题参考答案 ··· 187
参考文献 ··· 197

第1章 绪　论

控制理论在机电一体化、机械制造自动化、自动化装备等领域中都起着十分重要的作用。本章主要从总体上介绍机械工程控制理论的构成和基本概念，以及控制系统的主要类型、工作原理和基本要求。

1.1　控制工程的发展历史

随着第一次工业革命的发展，当时对蒸汽机的速度稳定性控制提出了要求。瓦特在前人的基础上发明了蒸汽机的飞球式调速器，如图1-1所示。蒸汽机的输出轴通过皮带和齿轮传动与调速器相连，从而带动金属球的转动。通过力学原理可知，当蒸汽机转速提高时，金属球的高度会提高，从而带动连杆来调节阀门的开度。当阀门开度调整后，蒸汽流量的改变又反过来调节蒸汽机的转速。在稳定情况下，金属球处于受力平衡状态，并且流量控制阀的开度恰好足够将发动机的速度保持在期望值上。

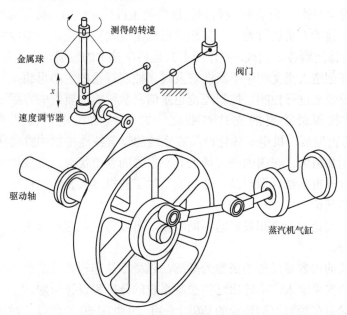

图1-1　蒸汽机的飞球式调速器

若发动机的速度降到期望值以下，飞球的离心作用减小，因而减小了施加到弹簧底部的力，引起x向下运动。由于杠杆的作用，产生较大的控制阀的开度，因而供给的燃料增多，使发动机的速度增大，直到重新建立平衡为止。若速度增加过大，则产生相反的作用。

通过调整调节杠杆的整定位置，可以改变发动机的期望速度。欲整定较高的速度时，向上移动调节杠杆，又引起x向下移动，结果使燃料控制阀的开度更大，接着发生速度的增大，通过相反的作用达到较低的速度设定。

大约一百年以后，麦克斯威尔（Maxwell）才从理论上分析了飞球调节器的动态特性，于 1868 年发表了对离心调速器进行理论分析的论文，其后奈奎斯特、波德等人建立了控制系统的稳定性理论，经典控制理论才逐渐形成。

控制理论是在产业革命的背景下，在生产和军事要求的刺激下，自动控制、电子技术、计算机科学等多学科相互交差产生的产物。控制理论的奠基人美国科学家维纳（Wiener N.）从 1919 年开始萌发了控制理论的思想，1940 年提出了数字电子计算机设计的五点建议。第二次世界大战期间，维纳参加了火炮自动控制的研究工作，他把火炮自动打飞机的动作与人狩猎的行为做了对比，并且提炼出了控制理论中最基本和最重要的反馈概念。他提出，准确控制的方法可以把运动结果所决定的量，作为信息再反馈回控制仪器中，这就是著名的负反馈概念。驾驶车辆也是由人参与的负反馈调节着，人们不是盲目地按着预定不变的模式来操纵车上的驾驶盘，而是发现靠左了，就向右边做一个修正，反之亦然。因此他认为，目的性行为可以引作反馈，可以把目的性行为这个生物所特有的概念赋予机器。于是，维纳等在 1943 年发表了《行为、目的和目的论》。同时，火炮自动控制的研制获得成功，这些是控制理论萌芽的重要实物标志。1948 年，维纳所著《控制论》的出版，标志着这门科学的正式诞生。

20 世纪 50 年代以后，一方面在控制理论的指导下，火炮及导弹控制技术极大发展，数控、电力、冶金自动化技术突飞猛进；另一方面在自动控制装备的需求和发展的基础上，控制理论也不断向纵深发展。1954 年，我国科学家钱学森在美国运用控制论的思想和方法，用英文出版了《工程控制论》，首先把控制理论推广到工程技术领域。接着短短的几十年里，在各国科学家和科学技术人员的努力下，又相继出现了生物控制论、经济控制论和社会控制论等，控制理论已经渗透到各个领域，并伴随着其他科学技术的发展，极大地改变了整个世界。控制理论自身也在创造人类文明中不断向前发展。控制理论的中心思想是通过信息的传递、加工处理并加以反馈来进行控制，控制理论也是信息学科的重要组成方面。

机电工业是我国最重要的支柱产业之一，传统的机电产品正在向机电一体化（mechatronics）方面发展。机电一体化产品或系统的显著特点是控制自动化。机电控制型产品技术含量高，附加值大，在国内外市场上具有很强的竞争优势，形成机电一体化产品发展的主流。当前国内外机电结合型产品，诸如典型的工业机器人、数控机床、自动导引车等都广泛地应用了控制理论。

根据自动控制理论的内容和发展的不同阶段，可以将控制理论分为经典控制理论和现代控制理论两大部分。

经典控制理论的内容是以传递函数为基础，以频率法和根轨迹法作为分析和综合系统的基本方法，主要研究单输入、单输出这类控制系统的分析和设计问题。

现代控制理论是在经典控制理论的基础上，于 20 世纪 60 年代以后发展起来的。它的主要内容是以状态空间法为基础，研究多输入、多输出、时变参数、分布参数、随机参数、非线性等控制系统的分析和设计问题，最优控制、最优滤波、系统辨识、自适应控制等理论都是这一领域的重要分支，特别是近年来，由于电子计算机技术和现代应用数学研究的迅速发展，又使现代控制理论在大系统理论和模仿人类智能活动的人工智能控制等诸多领域有了重大发展。

半个世纪以来，控制理论从主要依靠手工计算的经典控制理论发展到依赖计算机的现代控制理论，发展了最优控制、自适应控制、智能控制。智能控制中，学习控制技术从简单的参数学习向较为复杂的结构学习、环境学习和复杂对象学习的方向发展，并发展了模糊控制、神经网络控制、遗传算法、混沌控制、专家系统、鲁棒控制与 H_∞ 控制等理论和技术。同时，还发展了 MATLAB 等控制系统计算机辅助分析和设计工具，使控制理论在工程上的应用更加方便。

1.2 控制系统的概念和基本原理

1.2.1 控制系统的基本概念

所谓自动控制，就是在没有人直接参与的情况下，使被控对象的某些物理量准确地按照预期规律变化。例如，数控加工中心能够按预先排定的工艺程序自动地进刀切削，加工出预期的几何形状；焊接机器人可以按工艺要求焊接流水线上的各个机械部件；温度控制系统能保持恒温，等等。所有这些系统都有一个共同点，即它们都是一个或一些被控制的物理量按照给定量的变化而变化，给定量可以是具体的物理量，例如电压、位移、角度等，也可以是数字量。一般来说，如何使被控制量按照给定量的变化规律而变化，就是控制系统要完成的基本任务。

系统的输入就是控制量，它是作用在系统的激励信号。其中，使系统具有预定性能的输入信号称为控制输入、指令输入或参考输入，而干扰或破坏系统预定性能的输入信号则称为扰动量。系统的输出称为被控制量，它表征控制对象或过程的状态和性能。

图 1-2 所示为人工操作控制水箱水位的基本过程，同时也说明了一个控制系统的基本组成部分：

被控制对象或对象——我们称这些需要控制的工作机器、装备为被控制对象或对象。

输出量（被控制量）——将表征这些机器装备工作状态需要加以控制的物理参量，称为输出量（被控制量）。

输入量（控制量）——将要求这些机器装备工作状态应保持的数值，或者说，为了保证对象的行为达到所要求的目标而输入的量，称为输入量（被控制量）。

扰动量——使输出量偏离所要求的目标或者说妨碍达到目标，所作用的物理量称为扰动量。

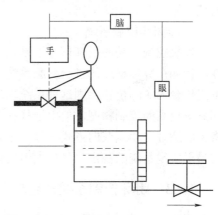

图 1-2　人工操作控制水箱水位的基本过程

控制的任务实际上就是形成控制作用的规律，使不管是否存在扰动，均能使被控制对象的输出量满足给定值的要求。自动控制的基本原理如下：

（1）检测输出量的实际值；
（2）将实际值与给定值（输入量）进行比较得出偏差值；
（3）用偏差值产生控制调节作用去消除偏差。

1.2.2 开环控制和闭环控制

1. 开环控制系统

如果系统只是根据输入量和扰动量进行控制，而输出端和输入端之间不存在反馈回路，输出量在整个控制过程中对系统的控制不产生任何影响,这样的系统称为开环控制系统。

开环控制系统的输入量与输出量之间有明确的对应关系,但如果在某种干扰的作用下,使得系统的输出偏离了原始值,则由于不存在反馈,控制器无法获得关于输出量的实际状态,系统将无法自动纠偏,所以,开环系统的控制精度通常较低。但是如果组成系统的元件特性和参数值比较稳定,而且外界的干扰也比较小,则这种控制系统也可以保证一定的精度。开环控制系统的最大优点是系统简单,一般都能稳定可靠地工作,因此对于要求不高的系统可以采用。开环控制系统框图如图1-3所示。

图1-3 开环控制系统框图

2. 闭环控制系统

如果系统的输出端和输入端之间存在反馈回路,输出量对控制过程产生直接影响,这种系统称为闭环控制系统,如前述的恒温箱自动控制系统就是一个闭环控制系统。

闭环控制系统的突出优点是不管遇到什么干扰,只要被控制量的实际值偏离给定值,闭环控制就会自动产生控制作用来减小这一偏差,因此,闭环控制精度通常较高。

闭环控制系统也有它的缺点,这类系统是靠偏差进行控制的,因此,在整个控制过程中始终存在着偏差,由于元件的惯性(如负载的惯性),若参数配置不当,很容易引起振荡,使系统不稳定,而无法工作。

3. 半闭环控制系统

如果控制系统的反馈信号不是直接从系统的输出端引出,而是间接地取自中间的测量元件,例如在数控机床的进给伺服系统中,若将位置检测装置安装在传动丝杠的端部,间接测量工作台的实际位移,则这种系统称为半闭环控制系统。半闭环控制系统一般可以获得比开环系统更高的控制精度,但由于只存在局部反馈,在局部反馈之外的部分所导致的输出扰动将无法通过自动调节的方式消除,因此,其精度往往比闭环系统要低;但与闭环系统相比,它易于实现系统的稳定。目前大多数数控机床都采用这种半闭环控制进给伺服系统。

1.2.3 闭环控制系统的组成

图1-4所示为一个较完整的闭环控制系统,由图可见,闭环控制系统一般应该包括给定元件、反馈元件、比较元件、放大元件、执行元件及校正元件等。

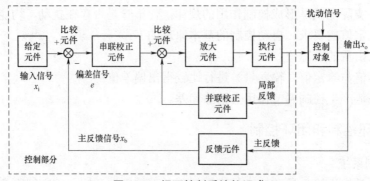

图1-4 闭环控制系统的组成

1. 给定元件

给定元件主要用于产生给定信号或输入信号,例如电位计里的可变电阻。

2. 反馈元件

反馈元件通常是一些用电量来测量非电量的元件,即传感器,它测量被控制量或输出量,产生主反馈信号。一般,为了便于传输,主反馈信号多为电信号。

必须指出,在机械、液压、气动、机电、电机等系统中存在着内在反馈,这是一种没有专设反馈元件的信息反馈,是系统内部各参数相互作用而产生的反馈信息流,如作用力与反作用力之间形成的直接反馈。内在反馈回路由系统动力学特性确定,它所构成的闭环系统是一个动力学系统。例如,机床工作台低速爬行等自激振荡现象,都是由具有内在反馈的闭环系统产生的。

3. 比较元件

比较元件用来接收输入信号和反馈信号并进行比较,产生反映两者差值的偏差信号。

4. 放大元件

放大元件是对偏差信号进行放大的元件。例如,电压放大器、功率放大器、电液伺服阀、电气比例/伺服阀等。放大元件的输出一定要有足够的能量,才能驱动执行元件,实现控制功能。

5. 执行元件

执行元件是直接对受控对象进行操纵的元件,例如伺服电动机、液压(气)马达、伺服液压(气)缸等。

6. 校正元件

为保证控制质量,使系统获得良好的动、静态性能而加入系统的元件。校正元件又称校正装置。串联在系统前向通路上的称为串联校正元件;并联在反馈回路上的称为并联校正元件。

尽管一个控制系统包含许多起着不同作用的元部件,但从总体上看,任何一个控制系统都可认为仅由控制器(完成控制作用)和控制对象两部分组成。图1-4中,比较元件、放大元件、执行元件和反馈元件等共同起着控制作用,为控制器部分。图1-4还包括了扰动信号,扰动信号是由于系统内部元器件参数的变化或外部环境的改变而造成的,不管是何种扰动,其最终结果都是导致输出量即被控制量发生偏移,因此直接将扰动信号集中表示在控制对象上。考虑到输出量的偏移所产生的偏差可以通过反馈作用予以自动纠正,采用上述表示方法是合适的。

1.3 控制系统的基本类型

控制系统的种类很多,在实际工程中,可以从不同的角度对控制系统进行分类。

1.3.1 按输入量的特征分类

1. 恒值控制系统

这种控制系统的输入量是一个恒定值,一经给定,在运行过程中就不再改变(但可定期校准或更改输入量)。恒值控制系统的任务是保证在任何扰动作用下系统的输出量为恒值。因此，它又称自动调节系统。

工业生产中的温度、压力、流量、液面等参数的控制，有些原动机的速度控制，液压工作台的位置控制，电力系统的电网电压、频率控制等，均属此类。

2. 程序控制系统

这种系统的输入量不为常值，但其变化规律是预先知道和确定的。可以预先将输入量的变化规律编成程序，由改程序发出控制指令，在输入装置中再将控制指令转换为控制信号，经过全系统的作用，使控制对象按指令的要求而运动。计算机绘图仪就是典型的程序控制系统。

工业生产中的过程控制系统按生产工艺的要求编制成特定的程序，由计算机来实现其控制，这就是近年来迅速发展起来的数字程序控制系统和计算机控制系统。微处理机控制将程序控制系统推向更普遍的应用领域。

图1-5所示为机床切削加工的程序控制系统。

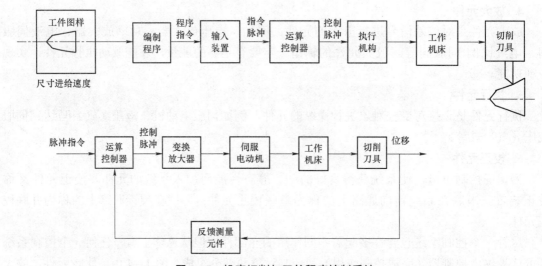

图1-5 机床切削加工的程序控制系统

3. 随动系统

随动系统在工业部门又称伺服系统，这种系统的输入量的变化规律是不能预先确定的。当输入量发生变化时，则要求输出量迅速而平稳地跟随着变化，且能排除各种干扰因素的影响，准确地复现控制信号的变化规律（此即伺服的含义）。控制指令可以由控制者根据需要随时发出，也可以由目标物或相应的测量装置发出。

机械加工中的仿形机床和武器装备中的火炮自动瞄准系统以及导弹目标自动跟踪系统等均为随动系统。

图1-6所示为液压仿形车床工作原理。当阀芯8处于图1-6所示中间位置时，没有压力油进入液压缸前后两腔，液压缸不动。当阀芯偏离中位，例如向前伸出时，节流口2、4保持关闭，节流口1、3打开，压力油经节流口3进入液压缸前腔，而其后腔的油液经节流口1流回油箱9，缸体带动刀具向前运动；同样，当阀芯偏离中位向后收缩时，节流口1、3关闭，2、4打开，压力油经节流口2进入液压缸后腔，而缸前腔的油液则经节流口4流回油箱，缸体带动刀具向后运动。图1-6中，液压缸缸体和控制阀阀体连成一体，形成液压缸运动的

负反馈,使液压缸缸体与阀芯的运动距离和方向始终保持一致,所以液压缸缸体(刀具)完全跟随阀芯 8 运动。因此,这是一个随动(伺服)系统。

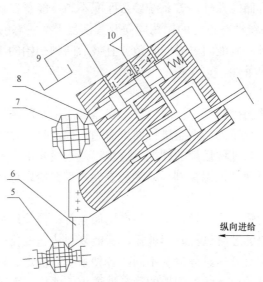

图 1-6 液压仿形车床工作原理

1,2,3,4—节流口;5—工件;6—刀具;7—样件;8—阀芯;9—油箱;10—油源

另外,多自由度控制器、机器人等也都是随动系统。

1.3.2 按系统中传递信号的性质分类

1. 连续控制系统

系统中各部分传递的信号都是连续时间变量的系统称为连续控制系统。连续控制系统又有线性系统和非线性系统之分。用线性微分方程描述的系统称为线性系统,不能用线性微分方程描述、存在着非线性部件的系统称为非线性系统。

2. 离散控制系统

系统中某一处或数处的信号是脉冲序列或数字量传递的系统称为离散控制系统(也称数字控制系统)。在离散控制系统中,数字测量、放大、比较、给定等部件一般均由微处理机实现,计算机的输出经 D/A 转换加给伺服放大器,然后再去驱动执行元件;或由计算机直接输出数字信号,经数字放大器后驱动数字式执行元件。

由于连续控制系统和离散控制系统的信号形式有较大差别,因此在分析方法上也有明显的不同。连续控制系统以微分方程来描述系统的运动状态,并用拉氏变换法求解微分方程;而离散系统则用差分方程来描述系统的运动状态,用 Z 变换法引出脉冲传递函数来研究系统的动态特性。

此外,还可按系统部件的物理属性分为机械、电气、机电、液压、气动、热力等控制系统。

1.4 对控制系统的基本要求

不同场合的测控系统有着不同的性能要求。但各种测控系统均有着一些共同的基本要求,即稳定性、精确性、快速性。

1. 稳定性

由于控制系统都包含储能元件,若系统参数匹配不当,能量在储能元件间的交换可能引起振荡。稳定性就是指系统动态过程的振荡倾向及其恢复平衡状态的能力。对于稳定的系统,当输出量偏离平衡状态时,应能随着时间收敛并且最后回到初始的平衡状态。稳定性是保证测控系统正常工作的先决条件。

2. 精确性

控制系统的精确性即测控精度,一般以稳态误差来衡量。所谓稳态误差是指以一定变化规律的输入信号作用于系统后,当调整过程结束而趋于稳定时,输出量的实际值与期望值之间的误差值,它反映了动态过程后期的性能。这种误差一般是很小的,如数控机床的加工误差小于 0.02 mm,一般恒速、恒温控制系统的稳态误差都在给定值的 1% 以内。

3. 快速性

快速性是指当系统的输出量与输入量之间产生偏差时,消除这种偏差的快慢程度。快速性好的系统,它消除偏差的过渡过程时间就短,就能复现快速变化的输入信号,因而具有较好的动态性能。由于测控对象的具体情况不同,各种系统对稳定、精确、快速这三方面的要求是各有侧重的。例如,调速系统对测控的稳定性要求较严格,而随动系统则对测控的快速性提出较高的要求。

习　　题

1-1　开环控制与闭环控制的优缺点?

1-2　说明控制系统性能的基本要求?

1-3　请绘制下列两个系统的职能方框图(图 1-7);试分析其组成和工作原理。

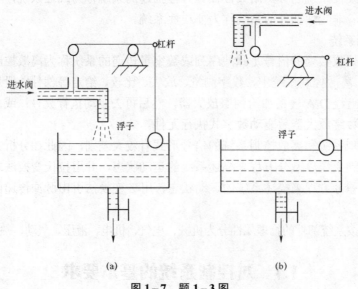

图 1-7　题 1-3 图

第 2 章 数 学 模 型

对于一个控制系统，在输入作用下有些什么规律，我们不仅希望了解其稳态情况，更重要的是了解其动态过程。如果将物理系统在信号传递过程中的这一动态特性用数学表达式描述出来，就得到了组成物理系统的数学模型。系统数学模型既是分析系统的基础，又是综合设计系统的依据。经典控制理论采用的数学模型主要以传递函数为基础；现代控制理论采用的数学模型主要以状态空间方程为基础。而以物理定律及实验规律为依据的微分方程又是最基本的数学模型，是列写传递函数和状态空间方程的基础。

2.1 系统的运动微分方程

数学模型是描述系统的数学表达式。对于现实世界的某一特定对象，为了某个特定的目的，通过一些必要的假设和简化后，将系统在信号传递过程中的特性用数学表达式描述出来，就可获得该系统的数学模型。数学模型具有：相似性、实用性的特点。不同的物理系统具有系统的数学模型，例如机械系统和电气系统具有系统的数学模型，从而为研究带来便利性。对于同一系统，由于精度要求和应用条件的不同，可以用不同复杂程度的数学模型来表达。复杂程度一定要遵循实用性的要求。工程上常用的数学模型有：微分方程、传递函数和状态方程。下面首先介绍通过微分方程来建立系统的模型。

2.1.1 列写系统微分方程的一般步骤

根据系统的机理分析，列写系统微分方程的一般步骤为：
（1）确定系统的输入、输出变量；
（2）从输入端开始，按照信号的传递顺序，依据各变量所遵循的物理、化学等定律，列写各变量之间的动态方程，一般为微分方程组；
（3）消去中间变量，得到输入、输出变量的微分方程；
（4）标准化：将与输入有关的各项放在等号右边，与输出有关的各项放在等号左边，并且分别按降幂排列，最后将系数归化为反映系统动态特性的参数，如时间常数等。

注意：由于实际系统的结构一般比较复杂，我们甚至不清楚内部机理，所以，列写实际工程系统的微分方程是很困难的。

2.1.2 控制系统常见元件的物理定律

1. 弹簧（图 2-1）

$$f(t) = Kx(t) \quad (2.1)$$

弹簧：属于储能元件，储存弹性势能。在形变范围内满足胡克定律：弹性力 $f(t) = Kx(t)$。式中，K 为弹簧刚度；$x(t)$ 为弹簧的形变量。

2. 阻尼器（图2-2）

$$f(t) = Dx'(t) \tag{2.2}$$

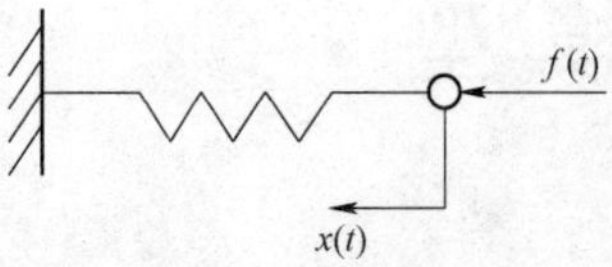

图2-1 弹簧 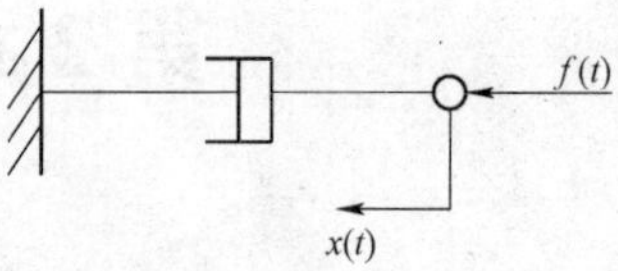　　　　图2-2 阻尼器

阻尼器中产生的黏性阻尼力，与阻尼器中活塞（活塞上有小孔）和缸体的相对运动速度成正比，即 $f(t) = Dx'(t)$。式中，D 为阻尼器的阻尼系数，它是系统的固有参数。阻尼器本身不储存任何动能和势能，主要用来吸收系统的能量并转换成热能耗散掉。

3. 质量块（图2-3）

$$f(t) = mx''(t) \tag{2.3}$$

质量块所受的力为惯性力，具有阻止启动和阻止停止运动的性质。根据牛顿第二定律可知 $f(t) = mx''(t)$，质量块可以看作系统中的储能元件，储存平均动能。

图2-3 质量块

4. 电学元件

电阻：
$$u(t) = i(t)R \tag{2.4}$$

电阻不是储能元件，是一种耗能元件，将电能转换成热能耗散掉。

电感：是一种储存磁能的元件，$u(t) = L\dfrac{\mathrm{d}i(t)}{\mathrm{d}t}$。 (2.5)

电容：是一种储存电能的元件，$u(t) = C\int i(t)\mathrm{d}t$。 (2.6)

例2.1 已知弹簧质量阻尼系统。设系统的组成如图2-4所示，试列出以外力 $f(t)$ 为输入量，以质量块的位移 $y(t)$ 为输出量的运动方程式。

解：

（1）确定系统的输入变量 $f(t)$、输出变量 $y(t)$；

（2）从输入端开始，按照信号的传递顺序，依据各变量所遵循的物理定律，列写各变量之间的动态方程：

$$f(t) - ky(t) - Dy'(t) = my''(t)$$

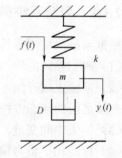

图2-4 弹簧-质量-阻尼系统

（3）消去中间变量；

（4）标准化。

$$my''(t) + Dy'(t) + ky(t) = f(t)$$

问题：为什么没有表示重力？

因为是从平衡位置处做的受力分析，此时弹簧已经从初始位置处产生了变形，这种变形所产生的弹性反力补偿了重力作用。因此，不对重力进行表示。本书中都采用同样的方法进行处理。

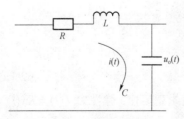

图2-5 RLC网络

例2.2 已知 RLC 网络，如图2-5所示。

解：

（1）确定系统的输入变量 $u_i(t)$、输出变量 $u_o(t)$；

（2）从输入端开始，按照信号的传递顺序，依据各变量所遵循的物理定律，列写各变量之间的动态方程：

$$u_i(t) = i(t)R + L\frac{di(t)}{dt} + u_o(t); \quad (2.7)$$

$$u_o(t) = \frac{\int i(t)dt}{C} \quad (2.8)$$

（3）消去中间变量：由式（2.8）可知，$i(t) = Cu'_o(t)$， $\quad (2.9)$

$$i'(t) = Cu''_o(t) \quad (2.10)$$

将式（2.9）、式（2.10）代入式（2.7），得

$$u_i(t) = RCu'_o(t) + LCu''_o(t) + u_o(t)$$

（4）标准化：$LCu''_o(t) + RCu'_o(t) + u_o(t) = u_i(t)$

相似性原理：

从例 2.1、例 2.2 可知前面机械系统和电气系统，具有形式相同的数学模型。相似系统揭示了不同物理现象之间的相似关系，说明了可以用一种系统去模拟另外一种系统，即用简单易于实现的电气系统去研究机械系统，并通过实验来获得另一个系统的运行规律。

例 2.3 建立如图 2-6 所示质量-弹簧-阻尼系统的运动微分方程。

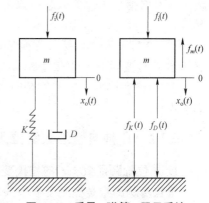

图 2-6 质量-弹簧-阻尼系统

解：

以质量块 m 为对象进行受力分析。同样，由于是从平衡点开始进行受力分析，重力的影响可以忽略。于是质量块 m 受到向下的输入量 $f_i(t)$，弹簧的支撑力 $f_K(t)$ 以及阻尼器的阻尼力 $f_D(t)$。这三个力的合力使质量块产生一个与其方向相同的加速度 a。从大学物理的知识可知

$$\begin{cases} f_i(t) - f_D(t) - f_K(t) = m\frac{d^2}{dt^2}x_o(t) \\ f_K(t) = Kx_o(t) \\ f_D(t) = D\frac{d}{dt}x_o(t) \end{cases}$$

经过整理，可知系统的运动微分方程为

$$m\frac{d^2}{dt^2}x_o(t) + D\frac{d}{dt}x_o(t) + Kx_o(t) = f_i(t)$$

2.2 拉氏变换和反变换

控制工程所涉及的数学问题较多，经常要解算一些线性微分方程。按照一般方法解算比

较麻烦，如果用拉普拉斯变换（拉氏变换）求解线性微分方程，可将经典数学中的微积分运算转化为代数运算，又能够单独地表明初始条件的影响，并有变换表可查找，因而是一种较为简便的工程数学方法。更重要的是，由于采用了拉氏变换，能够把描述系统运动状态的微分方程很方便地转换为系统的传递函数，并由此发展出用传递函数的零极点分布、频率特性等间接地分析和设计控制系统的工程方法。另外，在求解微分方程时，若采用**拉普拉斯变换**，也可以避免了复杂的求解过程，用简单的加减乘除运算就可以求得解答。

2.2.1 拉氏变换的定义

如果有一个以时间 t 为自变量的实变函数 $f(t)$，它的定义域是 $t \geqslant 0$，那么 $f(t)$ 的拉普拉斯变换定义为

$$F(s) = \mathscr{L}[f(t)] \stackrel{\text{def}}{=} \int_0^\infty f(t) e^{-st} dt \tag{2.11}$$

式中，s 是复变数，$s = \sigma + j\omega$（σ、ω 均为实数），$\int_0^\infty e^{-st}$ 称为拉普拉斯积分；$F(s)$ 是函数 $f(t)$ 的拉氏变换，它是一个复变函数，通常称 $F(s)$ 为 $f(t)$ 的原函数；$\mathscr{L}$ 是表示进行拉氏变换的符号。

式（2.11）表明：拉氏变换是这样一种变换，即在一定条件下，它能把一实数域中的实变函数 $f(t)$ 变换为一个在复数域内与之等价的复变函数 $F(s)$。

在拉氏变换中，s 的量纲是时间的倒数，即 T^{-1}，$F(s)$ 的量纲则是 $f(t)$ 的量纲与时间 t 量纲的乘积。

2.2.2 几种典型函数的拉氏变换

1. 单位阶跃函数 1(t) 的拉氏变换

单位阶跃函数是控制工程中最常用的典型输入信号函数之一，常以它作为评价系统性能的标准输入，这一函数定义为

$$1(t) \stackrel{\text{def}}{=} \begin{cases} 0 & (t < 0) \\ 0 & (t \geqslant 0) \end{cases}$$

单位阶跃函数如图 2-7 所示，它表示在 $t=0$ 时刻突然作用于系统一个幅值为 1 的不变量。

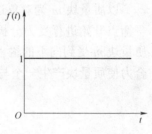

图 2-7 单位阶跃函数

单位阶跃函数的拉氏变换式为

$$F(s) = \mathscr{L}[1(t)] = \int_0^\infty 1(t) e^{-st} dt = -\frac{1}{s} e^{-st} \Big|_0^\infty$$

当 $\operatorname{Re}(s) > 0$ 时，$\lim\limits_{t \to \infty} e^{-st} \to 0$，所以

$$\mathscr{L}[1(t)] = -\frac{1}{s} e^{-st} \Big|_0^\infty = \left[0 - \left(-\frac{1}{s} \right) \right] = \frac{1}{s} \tag{2.12}$$

2. 指数函数 $f(t) = e^{-at}$ 的拉氏变换

指数函数也是控制工程中经常用到的函数，其中 a 是常数。

$$F(s) = \mathscr{L}[e^{-at}] = \int_0^\infty e^{-at} e^{-st} dt = \int_0^\infty e^{-(s+a)t} dt$$

令 $s_1 = s + a$，则与求单位阶跃函数同理，可求得

$$F(s) = \mathscr{L}\left[e^{-at}\right] = \frac{1}{s_1} = \frac{1}{s+a} \tag{2.13}$$

用同样的方法可以对单位脉冲函数、正弦函数、余弦函数、单位速度函数等典型信号函数进行拉氏变换的推导，最后的结果可以汇总成拉氏变换表与反变换表，在实际工程问题求解过程中，可以通过查表来简化分析过程。

2.2.3 拉氏变换的主要定理

根据拉氏变换定义或查表能对一些标准的函数进行拉氏变换和反变换。对一般的函数，利用以下的定理，可以使运算简化。

1. 叠加定理

拉氏变换也服从线性函数的奇次性和叠加性。

（1）奇次性。设 $\mathscr{L}[f(t)] = F(s)$，则

$$\mathscr{L}[af(t)] = aF(s) \tag{2.14}$$

式中 a——常数。

（2）叠加性。设 $\mathscr{L}[f_1(t)] = F_1(s)$，$\mathscr{L}[f_2(t)] = F_2(s)$，则

$$\mathscr{L}[f_1(t) + f_2(t)] = F_1(s) + F_2(s) \tag{2.15}$$

式（2.14）、式（2.15）结合起来，就有

$$\mathscr{L}[af_1(t) + bf_2(t)] = aF_1(s) + bF_2(s)$$

式中 a、b——常数。

这说明拉氏变换是线性变换。

2. 微分定理

设 $\mathscr{L}[f(t)] = F(s)$，则

$$\mathscr{L}\left[\frac{df(t)}{dt}\right] = sF(s) - f(0)$$

式中 $f(0)$——函数 $f(t)$ 在 $t = 0$ 时刻的值，即初始值。

同样，可得 $f(t)$ 的各阶导数的拉氏变换

$$\mathscr{L}\left[\frac{d^2 f(t)}{dt^2}\right] = s^2 F(s) - sf(0) - f'(0)$$

$$\mathscr{L}\left[\frac{d^3 f(t)}{dt^3}\right] = s^3 F(s) - s^2 f(0) - sf'(0) - f''(0)$$

…

$$\mathscr{L}\left[\frac{d^n f(t)}{dt^n}\right] = s^n F(s) - s^{n-1} f(0) - s^{n-2} f'(0) - \cdots - f^{(n-1)}(0)$$

式中 $f'(0)$，$f''(0)$，$\cdots$，$f^{(n-1)}(0)$——原函数各阶导数在 $t = 0$ 时刻的值。

如果函数$f(t)$及其各阶导数的初始值均为零（称为零初始条件），则$f(t)$各阶导数的拉氏变换为

$$\mathscr{L}[f'(t)] = sF(s)$$

$$\mathscr{L}[f''(t)] = s^2 F(s)$$

$$\mathscr{L}[f'''(t)] = s^3 F(s)$$

$$\cdots$$

$$\mathscr{L}[f^{(n)}(t)] = s^n F(s)$$

3. 积分定理

设$\mathscr{L}[f(t)] = F(s)$，则

$$\mathscr{L}\left[\int f(t)\mathrm{d}t\right] = \frac{1}{s}F(s) + \frac{1}{s}f^{(-1)}(0) \tag{2.16}$$

式中 $f^{(-1)}(0)$——积分$\int f(t)\mathrm{d}t$在$t=0$时刻的值。

当初始条件为零时

$$\mathscr{L}\left[\int f(t)\mathrm{d}t\right] = \frac{1}{s}F(s) \tag{2.17}$$

对多重积分是

$$\mathscr{L}\left[\underbrace{\int\cdots\int}_{a} f(t)(\mathrm{d}t)^n\right] = \frac{1}{s^n}F(s) + \frac{1}{s^n}f^{(-1)}(0) + \cdots + \frac{1}{s}f^{(-n)}(0) \tag{2.18}$$

式中 $f^{(-1)}(0)$，$f^{(-2)}(0)$，$\cdots$，$f^{(-n)}(0)$——原函数的各重积分在$t=0$时刻的值。

当初始条件为零时，则

$$\mathscr{L}\left[\underbrace{\int\cdots\int}_{a} f(t)(\mathrm{d}t)^n\right] = \frac{1}{s^n}F(s) \tag{2.19}$$

2.2.4 拉氏反变换

拉普拉斯反变换的公式为

$$f(t) = \mathscr{L}^{-1}[F(s)] = \frac{1}{2\pi\mathrm{j}}\int_{c-\mathrm{j}\infty}^{c+\mathrm{j}\infty} F(s)\mathrm{e}^{st}\mathrm{d}s \tag{2.20}$$

式中 $\mathscr{L}^{-1}$——拉氏反变换的符号。

下面以微分方程的求解来说明拉氏反变换的作用：

$$\frac{\mathrm{d}y}{\mathrm{d}t} + \frac{K}{\mu}y = \frac{f}{\mu} \tag{2.21}$$

对方程式两边取拉氏变换，使方程式中的变量从时域变换到频域，变换结果如下：

t－时域	拉氏变换 →	s－频域	
$\dfrac{K}{\mu}y$		$\dfrac{K}{\mu}Y$	（要用大写字母 Y）
$\dfrac{\mathrm{d}y}{\mathrm{d}t}$		$sY-y(0)$	（s用小写字母，$y(0)$为 $t=0$时y的初始值）
$\dfrac{f}{\mu}$		$\dfrac{F}{\mu}$	（要用大写字母 F）

式（2.21）中的变量经以上变换后得

$$[sY-y(0)]+\frac{K}{\mu}Y=\frac{F}{\mu} \tag{2.22}$$

由于初始条件 $t=0$ 时，$y(0)=0$，则上式变为（根据前述拉氏变换的微分定理）

$$sY+\frac{K}{\mu}Y=\frac{F}{\mu} \tag{2.23}$$

求得 Y 为

$$Y=\frac{F/\mu}{s+K/\mu}=\frac{1}{\mu}\cdot\frac{1}{s+K/\mu}F \tag{2.24}$$

还需要求出力 f 的拉氏变换 F。由于 $f=u(t)$，因此可以对 $u(t)$ 取拉氏变换

t－时域	拉氏变换 →	s－频域
$u(t)$		$\dfrac{1}{s}$

将 $F=1/s$ 代入式（2.24）可得

$$Y=\frac{1}{\mu}\cdot\frac{1}{s(s+K/\mu)}=\frac{1}{K}\left(\frac{1}{s}-\frac{1}{s+K/\mu}\right) \tag{2.25}$$

至此，求出了 y 的拉氏变换。为了求得时域的 y，还要进行一下拉氏反变换。

式（2.25）中的各项经过以上拉氏反变换后，可得

$$y = \frac{1}{K}\left[u(t) - e^{-\frac{K}{\mu}t}u(t)\right] = \frac{1}{K}\left(1 - e^{-\frac{K}{\mu}t}\right)u(t) \quad (2.26)$$

式中，当 $t<0$ 时，$u(t)=0$；当 $t \geq 0$ 时，$u(t)=1$，因此式（2.26）又可以改写成下式：

$$y = \frac{1}{K}\left(1 - e^{-\frac{K}{\mu}t}\right)(t \geq 0) \quad (2.27)$$

通过这种方法求出了微分方程的解。

在实际的工程领域中，上述的拉氏变换与反变换都可以通过查表的方式来进行。

2.2.5 部分分式展开法

根据定义计算拉式反变换，要进行复变函数积分，一般很难直接计算，通常用部分分式展开法将复变函数展开成有理分式函数之和，然后由拉式变换表一一查出对应的反变换函数，即得所求得原函数 $f(t)$。

在控制理论中，常遇到的象函数是 s 的有理分式

$$F(s) = \frac{B(s)}{A(s)} = \frac{b_0 s^m + b_1 s^{m-1} + \cdots + b_{m-1} s + b_m}{a_0 s^n + a_1 s^{n-1} + \cdots + a_{n-1} s + a_n} \quad (n \geq m)$$

为了将 $F(s)$ 写成部分分式，首先将 $F(s)$ 的分母因式分解，则有

$$F(s) = \frac{b_0 s^m + b_1 s^{m-1} + \cdots + b_{m-1} s + b_m}{(s+p_1)(s+p_2)\cdots(s+p_n)}$$

式中，p_1、p_2、$\cdots$、p_n 是 $A(s)=0$ 根的负值，称为 $F(s)$ 的极点。按照这些根的性质，可分为以下几种情况来研究。

1. $F(s)$ 的极点为各不相同的实数时的拉氏反变换

$$F(s) = \frac{B(s)}{A(s)} = \frac{b_0 s^m + b_1 s^{m-1} + \cdots + b_{m-1} s + b_m}{(s+p_1)(s+p_2)\cdots(s+p_n)}$$
$$= \frac{A_1}{s+p_1} + \frac{A_2}{s+p_2} + \cdots + \frac{A_n}{s+p_n} = \sum_{i=1}^{n}\frac{A_i}{s+p_i} \quad (2.28)$$

式中，A_i 是待定系数，它是 $s=-p_i$ 处的留数，其求法如下：

$$A_i = \left[F(s)(s+p_i)\right]_{s=-p_i} \quad (2.29)$$

再根据拉氏变换的叠加定理，求原函数

$$f(t) = \mathscr{L}^{-1}[F(s)] = \mathscr{L}^{-1}\left[\sum_{i=1}^{n}\frac{A_i}{s+p_i}\right] = \sum_{i=1}^{n}A_i e^{-p_i t}$$

例 2.4 求 $F(s) = \dfrac{s^2 - s + 2}{s(s^2 - s - 6)}$ 的原函数。

解 首先将 $F(s)$ 的分母因式分解，则有

$$F(s) = \frac{s^2 - s + 2}{s(s^2 - s - 6)} = \frac{s^2 - s + 2}{s(s-3)(s+2)} = \frac{A_1}{s} + \frac{A_2}{s-3} + \frac{A_3}{s+2}$$

$$A_1 = \left[F(s)s\right]_{s=0} = \left[\frac{s^2 - s + 2}{s(s-3)(s+2)}s\right]_{s=0} = -\frac{1}{3}$$

$$A_2 = \left[F(s)(s-3)\right]_{s=3} = \left[\frac{s^2 - s + 2}{s(s-3)(s+2)}(s-3)\right]_{s=3} = \frac{8}{15}$$

$$A_3 = \left[F(s)(s+2)\right]_{s=-2} = \left[\frac{s^2 - s + 2}{s(s-3)(s+2)}(s+2)\right]_{s=-2} = \frac{4}{5}$$

即

$$F(s) = -\frac{1}{3} \cdot \frac{1}{s} + \frac{8}{15} \cdot \frac{1}{s-3} + \frac{4}{5} \cdot \frac{1}{s+2}$$

$$f(t) = \mathscr{L}^{-1}\left[F(s)\right] = \mathscr{L}^{-1}\left(-\frac{1}{3} \cdot \frac{1}{s}\right) + \mathscr{L}^{-1}\left(\frac{8}{15} \cdot \frac{1}{s-3}\right) + \mathscr{L}^{-1}\left(\frac{4}{5} \cdot \frac{1}{s+2}\right) \quad (t \geqslant 0)$$

$$= -\frac{1}{3} + \frac{8}{15}\mathrm{e}^{3t} + \frac{4}{5}\mathrm{e}^{-2t}$$

2. $F(s)$ 中包含有重极点的拉氏变换

设 $A(s) = 0$ 有 r 个重根，则

$$F(s) = \frac{b_0 s^m + b_1 s^{m-1} + \cdots + b_{m-1}s + b_m}{(s+p_0)^r (s+p_{r+1}) \cdots (s+p_n)}$$

将上式展开成部分分式

$$F(s) = \frac{A_{01}}{(s+p_0)^r} + \frac{A_{02}}{(s+p_0)^{r-1}} + \cdots + \frac{A_{0r}}{s+p_0} + \frac{A_{r+1}}{s+p_{r+1}} + \cdots + \frac{A_n}{s+p_n} \quad (2.30)$$

式中，A_{r+1}、A_{r+2}、$\cdots$、A_n 的求法与单实数极点情况不相同。

A_{01}、A_{02}、$\cdots$、A_{0r} 的求法如下：

$$A_{01} = \left[F(s)(s+p_0)^r\right]_{s=-p_0}$$

$$A_{02} = \left\{\frac{\mathrm{d}}{\mathrm{d}s}\left[F(s)(s+p_0)^r\right]\right\}_{s=-p_0}$$

$$A_{03} = \frac{1}{2!}\left\{\frac{\mathrm{d}^2}{\mathrm{d}s^2}\left[F(s)(s+p_0)^r\right]\right\}_{s=-p_0}$$

$$\cdots$$

$$A_{0r} = \frac{1}{(r-1)!}\left\{\frac{\mathrm{d}^{(r-1)}}{\mathrm{d}s^{(r-1)}}\left[F(s)(s+p_0)^r\right]\right\}_{s=-p_0}$$

则

$$f(t) = \mathscr{L}^{-1}\left[F(s)\right] = \left[\frac{A_{01}}{(r-1)!}t^{(r-1)} + \frac{A_{02}}{(r-2)!}t^{(r-2)} + \cdots + A_{0r}\right]\mathrm{e}^{-p_0 t} + A_{r+1}\mathrm{e}^{-p_{r+1}t} + \cdots + A_n\mathrm{e}^{-p_n t} \quad (t \geqslant 0)$$

例 2.5 设 $F(s) = \dfrac{\omega_n^2}{s(s+\omega_n)^2}$,试求 $F(s)$ 的部分分式。

解 已知

$$F(s) = \dfrac{\omega_n^2}{s(s+\omega_n)^2}$$

含有 2 个重极点。将上式的分母因式分解得

$$F(s) = \dfrac{A_{01}}{(s+\omega_n)^2} + \dfrac{A_{02}}{s+\omega_n} + \dfrac{A_3}{s}$$

求系数 A_{01}、A_{02} 和 A_3:

$$A_{01} = \left[\dfrac{\omega_n^2}{s(s+\omega_n)^2}(s+\omega_n)^2\right]_{s=-\omega_n} = -\omega_n$$

$$A_{02} = \left\{\dfrac{\mathrm{d}}{\mathrm{d}s}\left[\dfrac{\omega_n^2}{s(s+\omega_n)^2}(s+\omega_n)^2\right]\right\}_{s=-\omega_n} = \left[-\dfrac{\omega_n^2}{s^2}\right] = -1$$

$$A_3 = \left[\dfrac{\omega_n^2}{s(s+\omega_n)^2}s\right]_{s=0} = 1$$

将所求得的 A_{01}、A_{02} 和 A_3 值代入,即得 $F(s)$ 的部分分式

$$F(s) = \dfrac{-\omega_n}{(s+\omega_n)^2} + \dfrac{-1}{s+\omega_n} + \dfrac{1}{s}$$

查拉氏变换表可得 $\mathscr{L}^{-1}[F(s)] = f(t)$。

例 2.6 求 $F(s) = \dfrac{s+3}{(s+2)^2(s+1)}$ 的拉氏反变换。

解 将 $F(s)$ 展开为部分分式

$$F(s) = \dfrac{A_{01}}{(s+2)^2} + \dfrac{A_{02}}{s+2} + \dfrac{A_3}{s+1}$$

上式中各项系数为

$$A_{01} = \left[\dfrac{s+3}{(s+2)^2(s+1)}(s+2)^2\right]_{s=-2} = \dfrac{-2+3}{-2+1} = -1$$

$$A_{02} = \left\{\dfrac{\mathrm{d}}{\mathrm{d}s}\left[\dfrac{s+3}{(s+2)^2(s+1)}(s+2)^2\right]\right\}_{s=-2}$$

$$= \left[-\dfrac{(s+3)'(s+1)-(s+3)(s+1)'}{(s+1)^2}\right] = -2$$

$$A_3 = \left[\dfrac{s+3}{(s+2)^2(s+1)}(s+1)\right]_{s=-1} = 2$$

于是
$$F(s) = \frac{-1}{(s+2)^2} + \frac{-2}{s+2} + \frac{2}{s+1}$$

查拉氏变换表，得
$$f(t) = -(t+2)e^{-2t} + 2e^{-t} \qquad (t \geqslant 0)$$

2.3 传递函数

在控制工程中，直接求解系统微分方程是研究分析系统的基本方法。系统方程的解就是系统的输出响应，通过方程的表达式，可以分析系统的动态特性，绘出响应曲线，直观地反映系统的动态过程。但是，由于求解过程较为烦琐，手工计算复杂费时，而且难以直接从微分方程本身研究和判断系统的动态性能，因此，这种方法有很大的局限性。显然，仅用微分方程这一数学模型来进行系统分析设计，显得十分不便。

对于线性定常系统，传递函数是常用的一种数学模型，它是在拉氏变换的基础上建立的。用传递函数描述系统可以免去求解微分方程的麻烦，间接地分析系统结构及参数与系统性能的关系，并且可以根据传递函数在复平面上的形状直接判断系统的动态性能，找出改善系统品质的方法。因此，传递函数是经典控制理论的基础，是一个及其重要的基本概念。

2.3.1 传递函数的概念和定义

对于线性定常系统，在零初始条件下，系统输出量的拉氏变换与引起该输出的输入量的拉氏变换之比，称为系统的传递函数。

图 2-6 所示为质量-弹簧-阻尼系统，由二阶微分方程式（2.31）来描述它的动态特性，即

$$m\frac{d^2}{dt^2}x_o(t) + D\frac{d}{dt}x_o(t) + Kx_o(t) = f_i(t) \qquad (2.31)$$

在所有初始条件均为零的情况下，对上式进行拉氏变换，得

$$ms^2 X_o(s) + DsX_o(s) + KX_o(s) = F_i(s)$$

按定义，传递函数为

$$G(s) = \frac{X_o(s)}{F_i(s)} = \frac{1}{ms^2 + Ds + K} \qquad (2.32)$$

系统输出量的拉氏变换 $X_o(s)$ 为

$$X_o(s) = G(s)F_i(s) = \frac{1}{ms^2 + Ds + K}F_i(s) \qquad (2.33)$$

由式（2.33）可知，如果 $F_i(s)$ 给定，则输出 $X_o(s)$ 的特性完全由传递函数 $G(s)$ 决定，因此，传递函数 $G(s)$ 表征了系统本身的动态本质。这是容易理解的，因为 $G(s)$ 是由微分方程式通过拉氏变换得来的，而拉氏变换是一种线性变换，只是将变量从时间域变换到复数域，将微分方程变换为 s 域中的代数方程来处理，所以不会改变描述的系统的动态本质。

必须强调指出，根据传递函数的定义，传递函数是通过系统的输入量和输出量之间的关系来描述系统固有特性的，即以系统的外部特性来揭示系统的内部特性，这就是传递函数的基本思想。之所以能够用系统外部的输入-输出特性来描述系统内部特性，是因为传递函数

通过系统结构参数使线性定常系统的输出和输入建立了联系。传递函数的概念和基本思想在控制理论中具有特别重要的意义,当一个系统内部结构不清楚或者根本无法弄清楚它的内部结构时,借助从系统的输入来看系统的输出,也可以研究系统的功能和固有特性。现在,对系统输入输出动态观测的方法,已发展成为控制理论研究方法的一个重要分支,这就是系统辨识,即通过外部观测所获得的数据来辨识系统的结构及参数,从而建立系统的数学模型。

设线性定常系统的微分方程的一般形式为

$$a_0 \frac{\mathrm{d}^n}{\mathrm{d}t^n} x_o(t) + a_1 \frac{\mathrm{d}^{n-1}}{\mathrm{d}t^{n-1}} x_o(t) + \cdots + a_{n-1} \frac{\mathrm{d}}{\mathrm{d}t} x_o(t) + a_n x_o(t)$$
$$= b_0 \frac{\mathrm{d}^m}{\mathrm{d}t^m} x_i(t) + b_1 \frac{\mathrm{d}^{m-1}}{\mathrm{d}t^{m-1}} x_i(t) + \cdots + b_{m-1} \frac{\mathrm{d}}{\mathrm{d}t} x_i(t) + b_m x_i(t) \quad (2.34)$$

式中　$x_o(t)$——系统输出量；
　　　$x_i(t)$——系统输入量；
　　　$a_0, a_1, \cdots, a_n$ 及 $b_0, b_1, \cdots, b_m$——系统结构参数所决定的实常数。

设初始条件为零,对式(2.34)进行拉氏变换,可得线性定常系统传递函数的一般形式

$$G(s) = \frac{X_o(s)}{X_i(s)} = \frac{b_0 s^m + b_1 s^{m-1} + \cdots + b_{m-1} s + b_m}{a_0 s^n + a_1 s^{n-1} + \cdots + a_{n-1} s + a_n} \quad (2.35)$$

2.3.2　特征方程、零点和极点

若在式(2.35)中,令

$$M(s) = b_0 s^m + b_1 s^{m-1} + \cdots + b_{m-1} s + b_m$$
$$D(s) = a_0 s^n + a_1 s^{n-1} + \cdots + a_{n-1} s + a_n$$

则式(2.35)可表示为

$$G(s) = \frac{X_o(s)}{X_i(s)} = \frac{M(s)}{D(s)} \quad (2.36)$$

$D(s)=0$ 称为系统的特征方程,其根称为系统特征根。特征方程决定着系统的稳定性。

根据多项式定理,线性定常系统传递函数的一般形式即式(2.35),也可写成

$$G(s) = \frac{b_0(s+z_1)(s+z_2)\cdots(s+z_m)}{a_0(s+p_1)(s+p_2)\cdots(s+p_n)} = \frac{M(s)}{D(s)} \quad (2.37)$$

式中,$M(s)=0$ 的根 $s=-z_i(i=1,2,\cdots,m)$ 称为传递函数的零点；$D(s)=0$ 的根 $s=-p_j(j=1,2,\cdots,n)$ 称为传递函数的极点。显然,系统传递函数的极点就是系统的特征根。零点和极点的数值完全取决于系统诸参数 $b_0, b_1, \cdots, b_m$ 和 $a_0, a_1, \cdots, a_n$,即取决于系统的结构参数。一般的,零点和极点可为实数(包括零)或复数。若为复数,必共轭成对出现,这是因为系统结构参数均为正实数的缘故。把传递函数的零点、极点表示在复平面上的图形,称为传递函数的零点、极点分布图,如图2-8所示,图中零点用"○"表示,

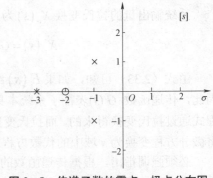

图2-8　传递函数的零点、极点分布图

极点用"×"表示。

2.3.3 关于传递函数的几点说明

（1）传递函数是经过拉氏变换导出的，而拉氏变换是一种线性积分运算，因此传递函数的概念只适用于线性定常系统。

（2）传递函数中各项系数值和相应微分方程中各项系数对应相等，完全决定于系统的结构参数。如前所述，传递函数是系统在复数域中的动态数学模型。传递函数本身是 s 的复变函数。

（3）传递函数是在零初始条件下定义的，即在零时刻之前，系统对所给定的平衡工作点是处于相对静止状态的。因此，传递函数原则上不能反映系统在非零初始条件下的全部运动定律。

（4）一个传递函数只能表示一个输入对一个输出的关系，所以只适合于单输入单输出系统的描述，而且系统内部的中间变量的变化情况，传递函数也无法反映。

（5）当两个元件串联时，若两者之间存在负载效应，必须将它们归并在一起求传递函数；如果能够做到它们彼此之间没有负载效应（如在电气元件之间加入隔离放大器），则可以分别求传递函数，然后相乘。

2.3.4 典型环节及其传递函数

控制系统一般由若干元件以一定的形式连接而成，这些元件的物理结构和工作原理可以是多种多样的，但从控制理论来看，物理本质和工作原理不同的元件，可以有完全相同的数学模型，亦即具有相同的动态性能。在控制工程中，常常将具有某种确定传递关系的元件、元件组或元件的一份称为一个环节，经常遇到的环节则称为典型环节。这样，任何复杂的系统总可归结为由一些典型环节组成，从而给建立数学模型、研究系统特性带来方便，使问题简化。

环节的分类：

如前所述线性定常系统可用式（2.37）所示的零-极点形式表示，即

$$G(s) = \frac{b_0(s+z_1)(s+z_2)\cdots(s+z_m)}{a_0(s+p_1)(s+p_2)\cdots(s+p_n)} \quad (n \geq m)$$

假设系统有 b 个实数零点，c 对复数零点，d 个实数极点，e 对复数极点和 v 个零极点，则

$$b+2c = m$$
$$v+d+2e = n$$

把对应于实数零点 z_i 和实数极点 p_j 的因式变换成如下形式：

$$s+z_i = \frac{1}{\tau_i}(\tau_i s+1)$$

$$s+p_j = \frac{1}{T_j}(T_j s+1)$$

式中

$$\tau_i = \frac{1}{z_i}, T_j = \frac{1}{p_j}$$

同时,把对应于共轭复数零点、极点的因式变换成如下形式:

$$(s+z_L)(s+z_{L+1}) = \frac{1}{\tau_L^2}\left(\tau_L^2 s^2 + 2\xi_L \tau_L s + 1\right)$$

式中

$$\tau_L = \frac{1}{\sqrt{z_L z_{L+1}}}, \xi_L = \frac{z_L + z_{L+1}}{2\sqrt{z_L z_{L+1}}}$$

而

$$(s+p_k)(s+p_{k+1}) = \frac{1}{T_k^2}\left(T_k^2 s^2 + 2\xi_k T_k s + 1\right)$$

式中

$$T_k = \frac{1}{\sqrt{p_k p_{k+1}}}, \xi_k = \frac{p_k + p_{k+1}}{2\sqrt{p_k p_{k+1}}}$$

于是系统传递函数的一般形式可以写成

$$G(s) = \frac{K \prod_{i=1}^{b}(\tau_i s + 1) \prod_{L=1}^{c}\left(\tau_L^2 s^2 + 2\xi_L \tau_L s + 1\right)}{s^v \prod_{j=1}^{d}(T_j s + 1) \prod_{k=1}^{e}\left(T_k^2 s^2 + 2\xi_k T_k s + 1\right)} \tag{2.38}$$

式中 K——系统放大系数,即

$$K = \frac{b_0}{a_0} \prod_{i=1}^{b} \frac{1}{\tau_i} \prod_{L=1}^{c} \frac{1}{\tau_L^2} \prod_{j=1}^{d} T_j \prod_{k=1}^{e} T_k^2$$

由于传递函数这种表达式含有六种不同的因子,因此,一般来说,任何系统都可以看作是由这六种因子表示的环节串联组合,这六种因子就是前面提到的典型环节。

与分子三种因子相对应的环节分别称为

比例环节	K
一阶微分环节	$\tau s + 1$
二阶微分环节	$\tau^2 s^2 + 2\xi\tau s + 1$

与分母三种因子相对应的环节分别称为

积分环节	$\frac{1}{s}$
惯性环节	$\frac{1}{Ts+1}$
振荡环节	$\frac{1}{T^2 s^2 + 2\xi T s + 1}$

实际上,在各类系统特别是机械、液压或气动系统中均会遇到纯时间延迟现象,这种现象可用延迟函数 $g(t-\tau)$ 描述,其时间起点是在 τ 时刻,因为有

$$\mathscr{L}[g(t-\tau)] = \mathscr{L}[g(t)]e^{-\tau s} = G(s)e^{-\tau s}$$

所以典型环节还应增加一个延时 $e^{-\tau s}$。

为了方便研究系统，熟悉和掌握典型环节的数学模型是十分必要的。下面对各种环节分别进行研究。

1. 比例环节

输出量不失真、无惯性地跟随输入量，且两者成比例关系的环节称为比例环节。比例环节又称无惯性环节，其运动方程为

$$x_o(t) = K x_i(t) \qquad (2.39)$$

式中　$x_o(t)$，$x_i(t)$——分别为环节的输出量和输入量；
　　　K——环节的比例系数，等于输出量与输入量之比。

比例环节的传递函数为

$$G(s) = \frac{X_o(s)}{X_i(s)} = K \qquad (2.40)$$

图 2-9 所示为齿轮传动副，若忽略齿侧间隙的影响，则

$$n_i(t) z_1 = n_o(t) z_2$$

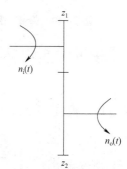

式中　$n_i(t)$——输入轴转速；
　　　$n_o(t)$——输出轴转速；
　　　z_1, z_2——齿轮齿数。

上式经拉氏变换后得

$$N_i(s) z_1 = N_o(s) z_2$$

则

图 2-9　齿轮传动副

$$G(s) = \frac{N_o(s)}{N_i(s)} = \frac{z_1}{z_2} = K \qquad (2.41)$$

2. 惯性环节

凡运动方程为一阶微分方程

$$T \frac{d}{dt} x_o(t) + x_o(t) = K x_i(t)$$

形式的环节为惯性环节。显然，其传递函数为

$$G(s) = \frac{X_o(s)}{X_i(s)} = \frac{K}{Ts+1}$$

式中　K——惯性环节的放大系数（增益）；
　　　T——惯性环节的时间常数，表征了环节的惯性，它和环节结构参数有关。

由于惯性环节中含有一个储能元件，所以当输入量突然变化时，输出量不能跟着突变，而是按指数规律逐渐变化，惯性环节的名称由此而来。

图 2-10 所示为弹簧（刚度为 K）和阻尼器（阻尼系数为 B）组成的一个环节，其运动方程为

$$B\frac{dx_o}{dt}+Kx_o(t)=Kx_i(t)$$

传递函数为

$$G(s)=\frac{K}{Bs+K}=\frac{1}{Ts+1}$$

式中　T——惯性环节的时间常数，$T=B/K$。

图 2-11 所示为液压缸驱动系数为 K 的弹性负载和阻尼系数为 B 的阻尼负载。设流入油缸的油液压力 p 为输入量，活塞的位移 x 为输出量，则液压缸的作用力为

$$F=pA$$

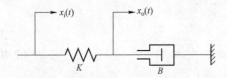
图 2-10　弹簧-阻尼器组成的环节

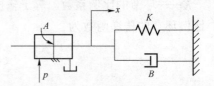
图 2-11　液压缸与弹簧和阻尼器组成的环节

该力用于克服阻尼和弹性负载，即

$$F=B\frac{dx}{dt}+Kx$$

合并以上两式，得其运动方程式

$$B\frac{dx}{dt}+Kx=Ap$$

传递函数

$$G(s)=\frac{X(s)}{P(s)}=\frac{A}{Bs+K}=\frac{A/K}{Ts+1}$$

式中　T——惯性环节的时间常数，$T=B/K$；

　　　$\dfrac{A}{K}$——惯性环节的放大系数。

3. 微分环节

凡输出量正比于输入量的微分的环节称为微分环节，其运动方程式为

$$x_o(t)=T\frac{dx_i}{dt} \tag{2.42}$$

传递函数为

$$G(s)=\frac{X_o(s)}{X_i(s)}=Ts \tag{2.43}$$

式中　T——微分环节的时间常数。

4. 积分环节

积分环节的输出量 $x_o(t)$ 与输入量 $x_i(t)$ 对时间的积分成正比，即

$$x_o(t)=\frac{1}{T}\int_0^t x_i(t)dt \tag{2.44}$$

其传递函数为

$$G(s)=\frac{X_o(s)}{X_i(s)}=\frac{1}{Ts} \tag{2.45}$$

式中　T——微分环节的时间常数。

5. 振荡环节

振荡环节含有两个独立的储能元件，而且所储存的能量能够互相转换，从而导致输出带有振荡的性质。这种环节的微分方程式为

$$T^2\frac{d^2x_o}{dt^2}+2\xi T\frac{dx_o}{dt}+x_o(t)=Kx_i(t) \tag{2.46}$$

其传递函数为

$$G(s)=\frac{X_o(s)}{X_i(s)}=\frac{K}{T^2s^2+2\xi Ts+1} \tag{2.47}$$

式中　T——振荡环节的时间常数；
　　　ξ——阻尼比；
　　　K——比例系数。

对于如图 2-6 所示的质量-弹簧-阻尼系统，其传递函数为

$$G(s)=\frac{X_o(s)}{X_i(s)}=\frac{1}{ms^2+Ds+K}=\frac{1/K}{T^2s^2+2\xi Ts+1}$$

系统的时间常数 T 和阻尼比 ξ 可以表示为

$$T=\sqrt{\frac{m}{K}},\quad \xi=\frac{D}{\sqrt{mK}}$$

振荡环节传递函数的另一种常用标准形式（$K=1$）为

$$G(s)=\frac{X_o(s)}{X_i(s)}=\frac{\omega_n^2}{s^2+2\xi\omega_n s+\omega_n^2} \tag{2.48}$$

式中　$\omega_n=\dfrac{1}{T}$——无阻尼固有频率。

6. 二阶微分环节

二阶微分环节的输出量 $x_o(t)$ 不仅取决于输入量 $x_i(t)$ 本身，而且还取决于输入量的一阶导数和二阶导数。这种环节的微分方程式为

$$x_o(t)=K\left[\tau^2\frac{d^2x_i(t)}{dt^2}+2\xi\tau\frac{dx_i(t)}{dt}+x_i(t)\right] \tag{2.49}$$

式中　K——比例系数；
　　　τ——二阶微分环节的时间常数；
　　　ξ——阻尼比。

其传递函数为

$$G(s)=\frac{X_o(s)}{X_i(s)}=K(\tau^2s^2+2\xi\tau s+1) \tag{2.50}$$

表 2.1 所示为机械、液压和电系统中相应的典型环节和传递函数。

表 2.1 机械、液压和电系统中相应的典型环节和传递函数

名称及传递函数	机械例	液压例	电 路
比例环节 $G(s)=K$	$K=\dfrac{1}{i}$	$K=\dfrac{1}{A}$	$K=\dfrac{1}{R}$
积分环节 $G(s)=\dfrac{K}{s}$	$K=\pi D$	$K=\dfrac{1}{A}$	$K=\dfrac{1}{C}$
微分环节 $G(s)=Ks$		$K=\dfrac{V}{\beta_e}$	$K=K_t$
惯性环节 $G(s)=\dfrac{K}{Ts+1}$	$K=\dfrac{1}{B},\ T=\dfrac{m}{B}$	$K=\dfrac{A}{G},\ T=\dfrac{B}{G}$	$K=1,\ T=RC$
一阶微分环节 $G(s)=K(Ts+1)$		$K=C_{ep}\ \ T=\dfrac{V}{\beta_e C_{ep}}$	$K=1,\ T=RC$
振荡环节 $G(s)=\dfrac{K}{\dfrac{s^2}{\omega^2}+\dfrac{2\xi}{\omega}s+1}$	$K=\dfrac{1}{G},\ \omega=\sqrt{\dfrac{G}{m}}$ $\xi=\dfrac{\beta}{\sqrt{mG}}$	$K=\dfrac{1}{A},\ \omega=\sqrt{\dfrac{4\beta_e A^2}{Vm}}$ $\xi=\dfrac{B}{4A}\sqrt{\dfrac{V}{\beta_e m}}$	$K=1,\ \omega=\dfrac{1}{\sqrt{LC}}$ $\xi=\dfrac{RC}{2\sqrt{LC}}$

续表

名称及传递函数	机械例	液压例	电 例
延迟环节 $G(s)=Ke^{-\tau s}$	$K=1,\ \tau=\dfrac{L}{v}$	$K=\dfrac{1}{A},\ \tau=\dfrac{V}{Q}$	

2.4 系统框图和信号流图

2.4.1 系统框图

控制系统一般是由许多元件组成的,为了表明元件在系统中的功能,形象直观的描述系统中信号传递、变换的过程,以及便于进行系统分析和研究,经常要用到系统框图。系统框图是系统数学模型的图解形式,在控制工程中得到了广泛应用。此外,采用框图更容易求取系统的传递函数。

1. 框图的结构要素

图 2-12 所示为一控制系统的框图。从图 2-12 中可以看出,框图是由一些符号组成的,有表示信号输入和输出的通路及箭头,有表示信号进行加减的求和点,还有一些表示环节的方框和将信号引出的引出线。一般认为系统框图由三种要素组成:函数方框、求和点和信号引出线。

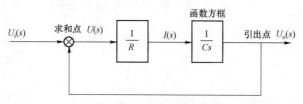

图 2-12 控制系统框图举例

(1) 函数方框。函数方框是传递函数的图解表示。如图 2-13 所示,方框两侧为输入量和输出量,方框内写入该输入输出之间的传递函数。函数方框具有运算功能,即

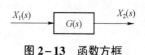

图 2-13 函数方框

$$X_2(s)=G(s)X_1(s)$$

应当指出,输出信号的量纲等于输入信号的量纲与传递函数量纲的乘积。

(2) 求和点。求和点是信号之间代数加减运算的图解,用符号 $\otimes$ 及相应的信号箭头表示,每一个箭头前方的 + 号或 - 号表示加上此信号或减去此信号。几个相邻的求和点可以互换、合并、分解,即满足代数加减运算的交换律、结合律、分配率,如图 2-14 所示,它们都是

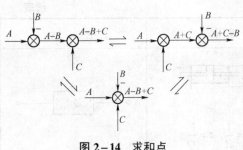

图2-14 求和点

等效的。显然,只有性质和因次相同的信号才能进行比较、叠加。

(3)信号引出线。同一个信号需要输送到不同地方去时,可用引出线表示,它表示信号引出或测量的位置和传递方向,如图2-15所示。从同一信号线上引出的信号,其性质、大小完全一样。

任何线性系统都可以由函数方框、求和点和信号引出线组成的框图来表示。

2. 系统框图的建立

建立系统框图的步骤如下:

(1)建立系统各元部件的微分方程。列写方程时,应注意明确信号的因果关系,即分清元件方程的自变量(输入量)、因变量(输出量)。

(2)对元部件的微分方程进行拉氏变换,并绘出相应的函数方框,为便于绘制,一般规定原因(输入)项写在方程等式右侧,结果(输出)项写在等式左侧。

(3)按照信号在系统中传递、变换的过程,依次将各元部件的函数方框连接起来(同一变量的信号通路连接在一起),系统输入量置于左端,输出量置于右端,便得到系统的框图。下面举例说明系统框图的绘制。

图2-16所示为无源 RC 电网络。设输入端电压 $u_i(t)$、输出端电压 $u_o(t)$ 分别为系统的输入量、输出量。

从电容 C 充电过程可知,输入端施加电压 $u_i(t)$ 后,在电阻 R 上将有压降,从而产生电流 $i(t)$,因此对电阻 R 而言,$u_i(t)$ 是因,$i(t)$ 是果。由于 $u_o(t)$ 的存在,将使电阻上的压降减小,从而使 $i(t)$ 减小,当 $u_o(t)$ 等于 $u_i(t)$ 时,$i(t)$ 等于零,系统达到稳定。

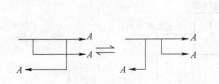

图2-15 引出线

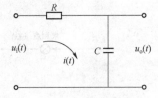

图2-16 无源 RC 电网络

根据上述讨论,依据基尔霍夫定律,系统的因果方程组为

$$Ri(t) = u_i(t) - u_o(t)$$

$$u_o(t) = \frac{1}{C}\int i(t) dt$$

在零初始条件下,对以上两式进行拉氏变换,得

$$RI(s) = U_i(s) - U_o(s)$$

$$U_o(s) = \frac{1}{Cs}I(s)$$

为清楚起见，还可表示成

$$I(s) = \frac{1}{R}\left[U_i(s) - U_o(s)\right]$$

$$U_o(s) = \frac{1}{Cs}I(s)$$

根据以上两式，按其正确的因果关系，绘制相应的方框单元，如图 2-17 所示。

最后将各方框单元按信号传递关系正确连接起来，可得如图 2-18 所示的系统框图。

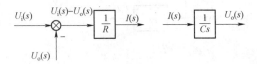

图 2-17　RC 电网络方框单元

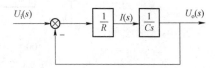

图 2-18　无源 RC 电网络系统框图

图 2-19 所示为机械系统。设作用力 $f_i(t)$、位移 $x_o(t)$ 分别为系统的输入量、输出量。

外力 $f_i(t)$ 的作用使 m_1 产生速度并有位移 $x(t)$，m_1 的速度和位移分别使阻尼器和弹簧产生黏性阻尼力 $f_B(t)$ 和弹性力 $f_{K_1}(t)$。$f_B(t)$、$f_{K_1}(t)$ 一方面作用于质量块 m_2，使之产生速度并有位移 $x_o(t)$；另一方面，依牛顿第三定律，又反馈作用于 m_1，从而影响到力 $f_i(t)$ 的作用效果。m_2 位移 $x_o(t)$ 的结果是使刚度为 K_2 的弹簧产生弹性力 $f_{K_2}(t)$，它反作用于 m_2 上。

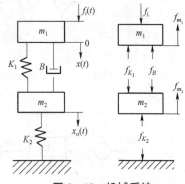

图 2-19　机械系统

根据以上分析，按牛顿定律，系统方程组为

$$m_1\ddot{x}(t) = f_i(t) - f_B(t) - f_{K_1}(t)$$

$$f_{K_1}(t) = K_1\left[x(t) - x_o(t)\right]$$

$$f_B(t) = B\left(\frac{dx}{dt} - \frac{dx_o}{dt}\right)$$

$$m_2\ddot{x}_o(t) = f_{K_1}(t) + f_B(t) - f_{K_2}(t)$$

$$f_{K_2}(t) = K_2 x_o(t)$$

上面的各方程中，等式右边包含了原因项，等式左边包含着结果项（各元件的输出）。对系统方程进行拉氏变换，得

$$X(s) = \frac{1}{m_1 s^2}\left[F_i(s) - F_B(s) - F_{K_1}(s)\right]$$

$$F_{K_1}(s) = K_1\left[X(s) - X_o(s)\right]$$

$$F_B(t) = Bs\left[X(s) - X_o(s)\right]$$

$$X_o(s) = \frac{1}{m_2 s^2}\left[F_{K_1}(s) + F_B(s) - F_{K_2}(s)\right]$$

$$F_{K_2}(s) = K_2 X_o(s)$$

各方程对应的方框单元如图 2-20 所示。然后将各方框单元按信号传递顺序及关系联系起来，如图 2-21 所示，即得到该机械系统的框图。

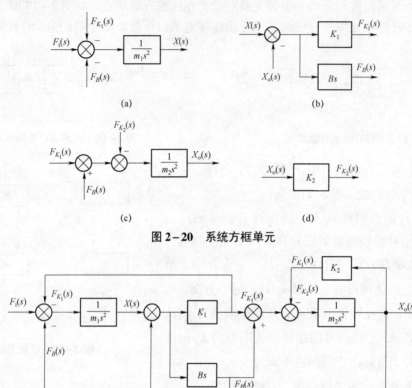

图 2-20 系统方框单元

图 2-21 机械系统框图

2.4.2 系统框图的简化

为了分析系统的动态性能，需要对系统的框图进行运算和变换，求出总的传递函数。这种运算和变换，就是设法将系统框图化为一个等效的方框，而方框中的数学表达式即为系统的总传递函数。系统框图的变换应按等效原则进行。所谓等效，即对系统框图的任一部分进行变换时，变换前、后输入输出之间总的数学关系应保持不变。显然，变换的实质相当于对所描述系统的方程组进行消元，求出系统输入与输出的总关系式。

1. 方框的运算法则

从前述的一些实例中可以看出，方框的基本连接形式可分为三种：串联、并联和反馈连接。

（1）串联连接。方框与方框首尾相连，前一方框的输出就是后一方框的输入，如图 2-22（a）所示，前后方框之间无负载效应。

方框串联后总的传递函数等于每个方框单元传递函数的乘积，如图 2-22（b）所示。

（2）并联连接。多个方框具有同一输入，而以各方框单元输出的代数和作为总输出，如图2-23（a）所示。

方框并联后的总的传递函数等于所有并联方框单元传递函数之和，如图2-23（b）所示。

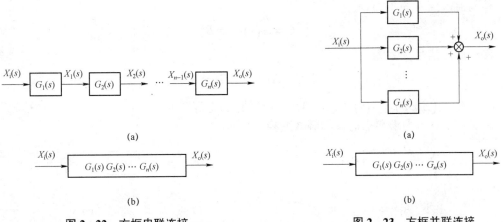

图2-22 方框串联连接　　　　图2-23 方框并联连接

（3）反馈连接。一个方框的输出输入另一个方框，得到的输出再返回作用于前一个方框的输入端，这种结构称为反馈连接，如图2-24所示。

由图2-24（a）可知，按信号传递的关系，可写出

$$X_o(s) = G(s)H(s)$$
$$E(s) = X_i(s) \mp B(s)$$
$$B(s) = H(s)X_o(s)$$

消去 $E(s)$、$B(s)$，得

$$X_o(s) = G(s)[X_i(s) \mp H(s)X_o(s)]$$
$$[1 \pm G(s)H(s)]X_o(s) = G(s)X_i(s)$$

因此，得闭环传递函数

$$\varPhi(s) = \frac{X_o(s)}{X_i(s)} = \frac{G(s)}{1 \pm G(s)H(s)}$$

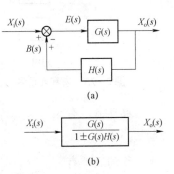

图2-24 方框反馈连接

式中，分母上的加号对应于负反馈，减号对应于正反馈。

方框反馈连接后，其闭环传递函数等于前向通道的传递函数除以1加（或减）前面通道与反馈通道传递函数的乘积，如图2-24（b）所示。

任何复杂系统的框图，都不外乎是由串联、并联和反馈三种基本连接方式的方框交织组成的，但要实现上述三种运算，则必须将复杂的交织状态变换为可运算的状态，这就要进行方框的等效变换。

2. 方框的等效变换法则

方框变换就是将求和点或引出点的位置，在等效原则上做适当的移动，消除方框之间的

交叉连接，然后一步步运算，求出系统总的传递函数。

（1）求和点的移动。图 2-25 所示为求和点后移的等效变换。将 $G(s)$ 方框前的求和点后移到 $G(s)$ 的输出端，而且仍要保持信号 A、B、C 的关系不变，则在被移动的通路上必须串入 $G(s)$ 方框，如图 2-25（b）所示。

移动前，信号关系为
$$C = G(s)(A \pm B)$$

移动后，信号关系为
$$C = G(s)A \pm G(s)B$$

因为 $G(s)(A \pm B) = G(s)A \pm G(s)B$，所以它们是等效的。

图 2-26 所示为求和点前移的等效变换。

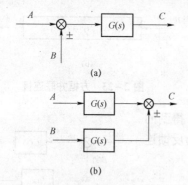

图 2-25 求和点后移的等效变换

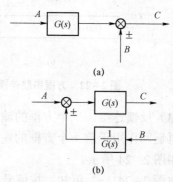

图 2-26 求和点前移的等效变换

移动前，有
$$C = G(s)A \pm B$$

移动后，有
$$C = G(s)\left[A + \frac{1}{G(s)}B\right] = G(s)A \pm B$$

两者是完全等效的。

（2）引出点的移动。图 2-27 所示为引出点前移的等效变换。将 $G(s)$ 方框输出端的引出点移动到 $G(s)$ 的输入端，仍要保持总的信号不变，则在被移动的通路上应该串入 $G(s)$ 的方框，如图 2-27（b）所示。

移动前，引出点引出的信号为
$$C = G(s)A$$

移动后，引出点引出的信号仍要保证为 C，即
$$C = G(s)A$$

图 2-28 所示为引出点后移的等效变换。显然，移动后的输出 A 仍为
$$A = \frac{1}{G(s)}G(s)A = A$$

为了便于计算，建议读者尽可能采用求和点后移和引出点前移的等效变换法则。

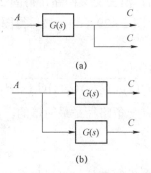

图 2-27 引出点前移的等效变换

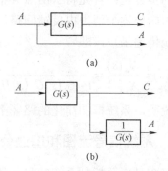

图 2-28 引出点后移的等效变换

3. 由系统框图求传递函数

下面以图 2-29（a）所示多回路系统为例，具体说明如何运用等效变换法则，逐步将一个比较复杂系统简化为一个方框，最后求得其传递函数。简化的关键是移动求和点和引出点，消去交叉回路，变换成可以运算的反馈连接回路。

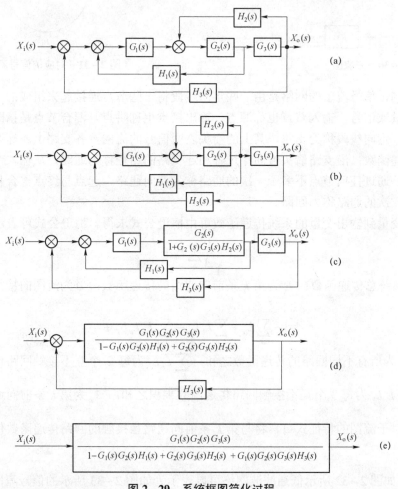

图 2-29 系统框图简化过程

这里的步骤是：首先将引出点 A 前移到 $G_3(s)$ 输入端，消去交叉回路，得图 2-29（b）。然后，由内向外逐个消去内反馈回路，得图 2-29（c）、图 2-29（d）。最后得图 2-29（e）所示的系统传递函数，即

$$G(s)=\frac{X_o(s)}{X_i(s)}=\frac{G_1(s)G_2(s)G_3(s)}{1-G_1(s)G_2(s)H_1(s)+G_2(s)G_3(s)H_2(s)+G_1(s)G_2(s)G_3(s)H_3(s)}$$

必须说明，系统框图简化的路径不是唯一的，但总有一条路径是最简单的。

2.4.3 系统信号流图和梅逊公式

信号流图是表示控制系统的另一种图形，与方框图有类似之处，可以将系统函数方块图转化为信号流图，并据此采用梅逊公式求出系统的传递函数。

与图 2-30 所示系统方块图对应的系统信号流图如图 2-31 所示。

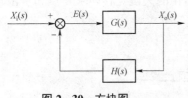

图 2-30 方块图

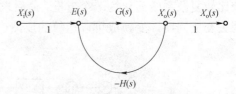

图 2-31 对应的信号流图

可以看到，信号流中的网络是由一些定向线段将一些节点连接起来组成的。其中，节点用来表示变量或信号，输入节点也称源点，输出接点也称阱点，混合节点是指既有输入又有输出的节点；定向线段称为支路，其上的箭头表明信号的流向，各支路上还标明了增益，即支路上的传递函数；沿支路箭头方向穿过各相连支路的路径称为通路，从输入节点到输出节点的通路上，通过任何节点不多于一次的通路称为前向通路，起点与终点重合且与任何节点相交不多于一次的通路称为回路。

从输入变量到输出变量的系统传递函数可由梅逊公式求得。梅逊公式可表示为

$$P=\frac{1}{\Delta}\sum_k P_k \Delta_k$$

式中，P 为系统总传递函数；P_k 为第 k 条前向通路的传递函数；Δ 为流图的特征式，按下式计算：

$$\Delta=1-\sum_a L_a + \sum_{b,c} L_b L_c - \sum_{d,e,f} L_d L_e L_f + \cdots$$

式中，$\sum_a L_a$ 为所有不同回路的传递函数之和；$\sum_{b,c} L_b L_c$ 为每 2 个互不接触回路传递函数乘积之和；$\sum_{d,e,f} L_d L_e L_f$ 为每 3 个互不接触回路传递函数乘积之和；Δ_k 为第 k 条前向通路特征式的余因子，即对于流图的特征式 Δ，将与第 k 条前向通路相接触的回路传递函数代以零值，余下的 Δ 即为 Δ_k。

例 2.7 如图 2-32 所示低通滤波网络可以表示为如图 2-33 所示的信号流图，求 $\dfrac{U_o(s)}{U_i(s)}$。

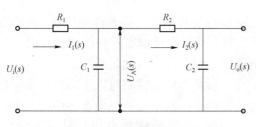

图 2-32 低通滤波网络

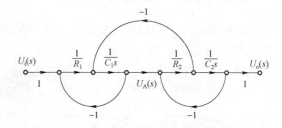

图 2-33 网络的信号流图

解： 根据梅逊公式，有

$$\Delta = 1 + \frac{1}{R_1 C_1 s} + \frac{1}{R_2 C_1 s} + \frac{1}{R_2 C_2 s} + \frac{1}{R_1 C_1 s} \cdot \frac{1}{R_2 C_2 s}$$

则

$$\frac{U_o(s)}{U_i(s)} = \frac{1}{\Delta} \sum_k P_k \Delta_k = \frac{\dfrac{1}{R_1} \cdot \dfrac{1}{C_1 s} \cdot \dfrac{1}{R_2} \cdot \dfrac{1}{C_2 s}}{1 + \dfrac{1}{R_1 C_1 s} + \dfrac{1}{R_2 C_1 s} + \dfrac{1}{R_2 C_2 s} + \dfrac{1}{R_1 C_1 s} \cdot \dfrac{1}{R_2 C_2 s}}$$

$$= \frac{1}{R_1 R_2 C_1 C_2 s^2 + (R_1 C_1 + R_2 C_2 + R_1 C_2) s + 1}$$

例 2.8 某系统信号流图如图 2-34 所示，求 $\dfrac{X_o(s)}{X_i(s)}$。

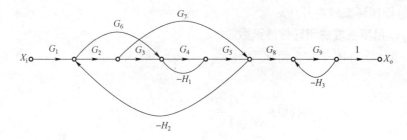

图 2-34 某系统信号流图

解：
$$\frac{X_o(s)}{X_i(s)} = \frac{G_1 G_2 G_3 G_4 G_5 G_6 G_7 G_8 G_9 + G_1 G_6 G_4 G_5 G_8 G_9 + G_1 G_2 G_7 G_8 G_9 (1 + G_4 H_1)}{1 + G_4 H_1 + G_2 G_7 H_2 + G_6 G_4 G_5 H_2 + G_2 G_3 G_4 G_5 H_2 + G_9 H_3 + \sum\limits_{b,c} L_b L_c - \sum\limits_{d,e,f} L_d L_e L_f}$$

式中

$$\sum_{b,c} L_b L_c = G_4 H_1 G_2 G_7 H_2 + G_4 H_1 G_9 H_3 + G_2 G_3 G_4 G_5 H_2 G_9 H_3 +$$
$$G_2 G_7 H_2 G_9 H_3 + G_6 G_4 G_5 H_2 G_9 H_3$$

$$\sum_{d,e,f} L_d L_e L_f = -G_4 H_1 G_2 G_7 H_2 G_9 H_3$$

2.4.4 控制系统的传递函数

控制系统在工作过程中会受到两类信号的作用,统称外作用。一类是有用信号,或称输入信号、给定值、指令以及参考输入等,依系统的输入信号形式而有不同的称呼。另一类是扰动或称干扰。输入 $x_i(t)$ 通常是加在系统控制装置的输入端,也就是系统的输出端。而干扰 $n(t)$ 一般是作用在控制对象上,但也可能出现在其他元件上,甚至夹杂在指令之中。一个考虑扰动的闭环控制系统的典型结构可用如图 2-35 所示框图表示,图中 $X_i(s)$ 到 $X_o(s)$ 的信号传递通路称为前向通道,而 $X_o(s)$ 到 $B(s)$ 的通路称为反馈通道。

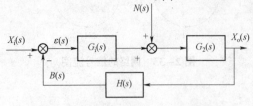

图 2-35 考虑扰动的闭环控制系统

研究系统输出量 $x_o(t)$ 的运动规律,只考虑输入量 $x_i(t)$ 的作用是不完全的,往往还需要考虑干扰 $n(t)$ 的影响。

1. 系统开环传递函数

在图 2-35 中,将 $H(s)$ 的输出通道断开,即将系统的主反馈通道断开,这时前向通道传递函数与反馈通道传递函数的乘积 $G_1(s)G_2(s)H(s)$,称为该系统的开环传递函数。闭环系统的开环传递函数也可定义为偏差信号 $\varepsilon(s)$ 和反馈信号 $B(s)$ 之间的传递函数,即

$$G_k(s) = \frac{B(s)}{\varepsilon(s)} = G_1(s)G_2(s)H(s) \tag{2.51}$$

式中　$G_k(s)$——闭环系统的开环传递函数。

必须强调指出,开环传递函数是闭环控制系统的一个重要概念,它并不是开环系统的传递函数,而是指闭环系统的开环。

2. $x_i(t)$ 作用下系统的闭环传递函数

令 $n(t)=0$,这时图 2-35 简化为图 2-36(a)。输入 $X_i(s)$ 与 $X_{o1}(s)$ 输出之间的传递函数

$$\Phi_i(s) = \frac{X_o(s)}{X_i(s)} = \frac{G_1(s)G_2(s)}{1+G_1(s)G_2(s)H(s)} \tag{2.52}$$

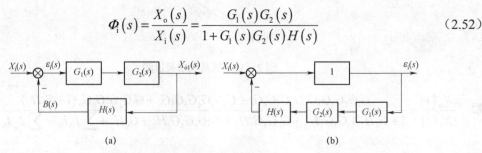

图 2-36 闭环系统图
(a) $x_i(t)$ 作用下的闭环系统;(b) 偏差信号与输入之间的关系

称 $\Phi_i(s)$ 为输入 $X_i(s)$ 作用下系统的闭环传递函数,而此时输出的拉氏变换式为

$$X_{o1}(s) = \Phi_i(s)X_i(s) = \frac{G_1(s)G_2(s)}{1+G_1(s)G_2(s)H(s)}X_i(s) \tag{2.53}$$

为了分析系统偏差信号 $\varepsilon(t)$ 的变化规律,寻求偏差信号与输入之间的关系,将系统框图

变换成图 2-36（b）。这里写出输入 $X_i(s)$ 与偏差 $\varepsilon_i(s)$ 之间的传递函数，称为输入作用下的偏差传递函数，用 $\Phi_{\varepsilon i}(s)$ 表示。

$$\Phi_{\varepsilon i}(s) = \frac{\varepsilon_i(s)}{X_i(s)} = \frac{1}{1+G_1(s)G_2(s)H(s)} \tag{2.54}$$

3. $n(t)$ 作用下系统的闭环传递函数

为研究干扰对系统的影响，需要求出以 $N(s)$ 作为输入，与输出 $X_{o2}(s)$ 之间的传递函数。这时，令 $x_i(t)=0$，则图 2-35 简化为图 2-37（a），由图可得

$$\Phi_n(s) = \frac{X_{o2}(s)}{N(s)} = \frac{G_2(s)}{1+G_1(s)G_2(s)H(s)} \tag{2.55}$$

$\Phi_n(s)$ 为在扰动作用下的闭环传递函数，简称干扰传递函数。而系统在扰动作用下所引起的输出为

$$X_{o2}(s) = \Phi_n(s)N(s) = \frac{G_2(s)}{1+G_1(s)G_2(s)H(s)}N(s) \tag{2.56}$$

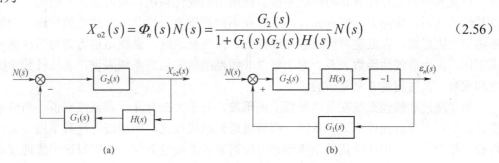

图 2-37 闭环系统图
(a) $n(t)$作用下的闭环系统；(b) 偏差信号与干扰之间的关系

同理，扰动作用下的偏差传递函数称干扰偏差传递函数，用 $\Phi_{\varepsilon n}(s)$ 表示。以 $N(s)$ 作为输入，$\varepsilon_n(s)$ 作为输出的系统框图，如图 2-37（b）所示，由图可得

$$\Phi_{\varepsilon n}(s) = \frac{\varepsilon_n(s)}{N(s)} = \frac{-G_2(s)H(s)}{1+G_1(s)G_2(s)H(s)} \tag{2.57}$$

从式（2.51）、式（2.53）、式（2.54）及式（2.56）看出，控制系统的闭环传递函数 $\Phi(s)$、$\Phi_n(s)$、$\Phi_{\varepsilon i}(s)$ 及 $\Phi_{\varepsilon n}(s)$ 均具有相同的特征项 $1+G_1(s)G_2(s)H(s)$，其中 $G_1(s)G_2(s)H(s)$ 为系统的开环传递函数。因此，这些闭环传递函数的极点相同。这说明，系统的极点与外部输入信号的形式和在系统中的作用位置无关，同时也和输出信号的形式以及提取输出信号的位置无关。换言之，系统极点（特征根）不变，即系统固有特性不变，它与输入、输出的形式、位置均无关。另一方面，这四个传递函数的分子各不相同，且与前向通道上的传递函数有关。因此，闭环传递函数的分子随着输入作用点和输出量的引出点不同而不同。显然，同一个外作用加在系统不同的位置上，系统的响应是不同的，但绝不会改变系统的固有频率。

4. 系统的总输出

根据线性系统的叠加原理，系统在同时受 $x_i(t)$ 和 $n(t)$ 作用时，其总输出应为各外作用分别引起的输出总和，将式（2.53）与式（2.56）相加，即得总输出量

$$X_o(s) = X_{o1}(s) + X_{o2}(s) = \frac{G_1(s)G_2(s)}{1+G_1(s)G_2(s)H(s)}X_i(s) + \frac{G_2(s)}{1+G_1(s)G_2(s)H(s)}N(s)$$

上式表明，采用反馈控制的系统，适当选择元、部件的结构参数，系统就具有很强的抑制干扰的能力。同时，系统的输出只取决于反馈通道上的传递函数及输入信号，而与前向通道上的传递函数无关。特别是当 $H(s)=1$ 时，即系统为单位反馈时，$X_o(s) \approx X_i(s)$，表明系统几乎实现了对输入信号的完全复制，即获得较高的工作精度。

最后指明一点，在式（2.57）中，$\Phi_{en}(s)$ 为负值传递函数，是因为扰动总是使时间输出在负的方向上偏离希望值的缘故。

2.5 非线性数学模型的线性化

2.5.1 线性化问题的提出

自然界中并不存在真正的线性系统，而所谓的线性系统，也只是在一定的工作范围内保持其线性关系。实际上，所有元件和系统在不同程度上，均具有非线性的性质。例如，机械系统中的阻尼器，在低速时可以看作线性的，但在高速时，黏性阻尼力则与运动速度的平方成正比，而为非线性函数关系。对于包含非线性函数关系的系统来说，非线性数学模型的建立和求解，其过程是非常复杂的。

为了绕过非线性系统在数学处理上的困难，对于大部分元件和系统来说，当信号或变量变化范围不大或非线性不太严重时，都可以近似地线性化，即用线性化数学模型来代替非线性数学模型。一旦用线性化数学模型来近似得表示非线性系统，就可以运用线性理论对系统进行分析和设计。

所谓线性化，就是在一定的条件下做某种近似，或者缩小一些工作范围，而将非线性微分方程近似得作为线性微分方程处理。

2.5.2 非线性数学模型的线性化

假设有一个输入为 $x(t)$、输出为 $y(t)$、其输入-输出关系为 $y=f(x)$ 的系统，如图 2-38 所示，$y(t)$ 与 $x(t)$ 中间具有非线性关系。$A(x_0, y_0)$ 为系统的工作点，即 $y_0 = f(x_0)$，在 A 附近，当输入变量 $x(t)$ 做 Δx 变化时，对应的输出变量的增量为 Δy。而对于 A 点的切线，x 变化 Δx 时，y 的增量为 $\Delta y'$。显然，当 x 在平衡工作点 A 附近只做微小的变化 Δx 时，则 $\Delta y \approx \Delta y'$，故可近似地认为

$$\Delta y = \Delta y' = \Delta x \tan \alpha \tag{2.58}$$

式中　$\tan \alpha$——函数 $y=f(x)$ 在 $A(x_0, y_0)$ 点处的导数。

以增量为变量的微分方程，称为增量方程，故式（2.58）为线性增量方程。由此可见，在滑动范围内，Δy 可用 $\Delta y'$ 近似而和 Δx 有线性关系，即可用切线代替原来的非线性曲线，从而把非线性问题线性化。这种线性方法，称为滑动线性化法或切线法。

滑动线性化的这种近似，对大多数控制系统来说都是可行的。首先，控制系统在通常情况下，都有一个正常的稳定的工

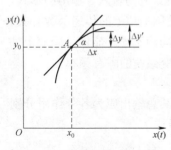

图 2-38　非线性关系线性化

作状态，称为平衡工作点。例如，当系统的输入或输出相对于正常工作状态发生微小偏差时，系统会立即进行控制调节，力图消除此偏差，因此可以看出，这种偏差是"小偏差"，不会很大。

滑动线性化法这种近似，用数学方法处理，就是将变量的非线性函数展开成泰勒级数，分解成这些变量在某工作状态附近的小增量的表达式，然后略去高于一次小增量的项，就可获得近似的线性函数。

对于以一个自变量作为输入量的非线性函数 $y=f(x)$，在平衡工作点 (x_0, y_0) 附近展开成泰勒级数，则有

$$y = f(x) = f(x_0) + \left.\frac{\mathrm{d}f(x)}{\mathrm{d}x}\right|_{x=x_0}(x-x_0) + \frac{1}{2!} \cdot \left.\frac{\mathrm{d}^2 f(x)}{\mathrm{d}x^2}\right|_{x=x_0}(x-x_0)^2 + \frac{1}{3!} \cdot \left.\frac{\mathrm{d}^3 f(x)}{\mathrm{d}x^3}\right|_{x=x_0}(x-x_0)^3 + \cdots$$

略去高于一次增量 $\Delta x = x - x_0$ 的项，便有

$$y = f(x_0) + \left.\frac{\mathrm{d}f(x)}{\mathrm{d}x}\right|_{x=x_0}(x-x_0) \tag{2.59}$$

或

$$y - y_0 = \Delta y = K \Delta x \tag{2.60}$$

式中 $y_0 = f(x_0)$ 为系统的静态方程；$K = \left.\dfrac{\mathrm{d}f(x)}{\mathrm{d}x}\right|_{x=x_0}$。

式（2.59）或式（2.60）就是非线性系统的线性化数学模型，式（2.60）为增量方程。

若输出变量 y 与输入变量 x_1、x_2 有非线性关系，即 $y=f(x_1、x_2)$，那么同样地将这个方程式在工作点 $(x_{10}、x_{20})$ 附近展开成泰勒级数，并忽略二阶和高阶倒数项，便可得到 y 的线性化方程为

$$y = f(x_{10}, x_{20}) + \left.\frac{\partial f}{\partial x_1}\right|_{\substack{x_1=x_{10}\\x_2=x_{20}}}(x_1 - x_{10}) + \left.\frac{\partial f}{\partial x_2}\right|_{\substack{x_1=x_{10}\\x_2=x_{20}}}(x_2 - x_{20}) \tag{2.61}$$

写成增量方程，则有

$$y - y_0 = \Delta y = K_1 \Delta x_1 + K_2 \Delta x_2 \tag{2.62}$$

式中 $y_0 = f(x_{10}、x_{20})$ 为系统静态方程；$K_1 = \left.\dfrac{\partial f}{\partial x_1}\right|_{\substack{x_1=x_{10}\\x_2=x_{20}}}$，$K_2 = \left.\dfrac{\partial f}{\partial x_2}\right|_{\substack{x_1=x_{10}\\x_2=x_{20}}}(x_2 - x_{20})$；$\Delta x_1 = x_1 - x_{10}$，$\Delta x_2 = x_2 - x_{20}$。

2.5.3 系统线性化微分方程的建立

建立系统线性化数学模型的步骤是：首先确定系统处于正常工作状态（平衡工作点）时各组成元件的工作点，然后列出各组成元件在工作点附近的增量方程，最后消去中间变量，得到系统以增量表示的线性化微分方程。如果系统中的某些元件方程本来就是线性方程，为了变量统一，可对线性方程两端直接取增量，就可得到以增量表示的方程。增量方程的数学

含义就是将参考坐标的原点移到系统或元件的平衡工作点上，对于实际系统就是以正常工作状态为研究系统运动的起始点，这时系统所有的初始条件均为零。

图 2-39 所示为液压伺服机构。其工作原理是：当滑阀右移时液压缸左腔与高压油路连通，于是高压油进入液压缸左腔，而从右腔流出的油液则是低压的。在液压缸两腔的压力差作用下，活塞向左方移动，这样便实现了活塞对滑阀的随动和功率放大。操纵滑阀只要很小的功率，而活塞可以输出很大的功率。对于滑阀来说，流经其阀口的流量 q_L 与阀的开口量 x 和负载压力 p_L 有关，即是 x 和 p_L 的函数。一般地说，变量 q_L 与 x 和 p_L 间的关系，可以用下面的非线性方程表示：

$$q_L = f(x, p_L) \tag{2.63}$$

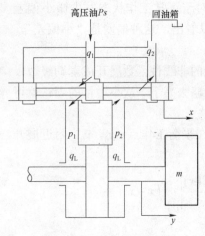

图 2-39 液压伺服机构

x—滑阀的位移输入；y—液压缸活塞位；
q_L—负载流量；p_L—负载压力；
$p_L=p_1-p_2$；m—负载质量

把这一非线性方程在平衡工作点 (q_{L0}, x_0, p_{L0}) 附近线性化，按式（2.62）可得

$$q_L - q_{L0} = \Delta q_L = \frac{\partial f}{\partial x}\bigg|_{\substack{x=x_0 \\ p_L=p_{L0}}} \Delta x + \frac{\partial f}{\partial p_L}\bigg|_{\substack{x=x_0 \\ p_L=p_{L0}}} \Delta p_L \tag{2.64}$$

上式可写成

$$\Delta q_L = K_q \Delta x + K_c \Delta p_L$$

即

$$q_L = K_q x + K_c p_L \tag{2.65}$$

式中 K_q——流量增益，它表示因滑阀位移而引起的流量变化，$K_q = \frac{\partial f}{\partial x}\bigg|_{\substack{x=x_0 \\ p_L=p_{L0}}}$；

K_c——流量-压力系数，它表示因压力变化而引起的流量变化，$K_c = \frac{\partial f}{\partial p_L}\bigg|_{\substack{x=x_0 \\ p_L=p_{L0}}}$。

式（2.65）即为滑阀的线性化微分方程。

对于任何结构形式的阀来说，负载压力增大，负载流量 q_L 总是减小的，为使定义的系数本身为正，故 K_c 前冠以负号。

最后，必须指出，线性化处理应注意下列几点：

（1）必须确定系统处于平衡状态时各组成元件的工作点，因为在不同的工作点，线性化方程的系数值有所不同，即非线性曲线上各点的斜率（导数）是不同的。

（2）线性化是以直线代替曲线，略去了泰勒级数展开式中的二阶以上无穷小项，这是一种近似处理。如果系统输入量工作在较大范围内，所建立的线性化数学模型必会带来较大的误差。所以，非线性数学模型线性化是有条件的。

（3）对于某些典型的本质非线性，如继电器特性、间隙、死区、摩擦性等（图 2-40），其非线性特性是不连续的，则在不连续点附近不能得出收敛的泰勒级数，这时就不能进行线

性化。当它们对系统影响很小时，可予简化而忽略不计；当它们不能不考虑时，只能作为非线性问题处理，就需应用非线性理论。

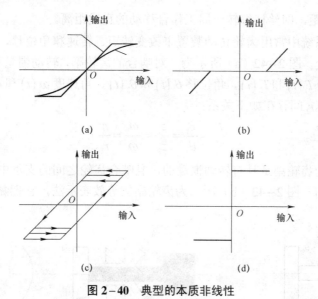

图 2-40 典型的本质非线性
(a) 饱和非线性；(b) 死区非线性；(c) 间隙非线性；(d) 库仑摩擦、继电器非线性

2.6 控制系统传递函数推导举例

以上论述了控制系统数学模型的基本概念、解析建模的方法和步骤，以及数学模型的图解表示方法。下面通过实例进一步说明如何把实际系统抽象为数学模型，如何用解析方法和图解方法来推导系统的传递函数。必须重申，建立系统数学模型是关键性的步骤。

2.6.1 机械系统

在控制系统中，经常要将旋转运动变成直线运动。例如用电动机和丝杠螺母装置可控制工作台沿直线运动，如图 2-41 所示，这时可用一等效转动惯量直接连接到驱动电动机的简单系统来表示。工作台等直线运动部件的质量 m，按等功原理可折算到电动机轴上，如图 2-41（b）所示，其等效转动惯量为

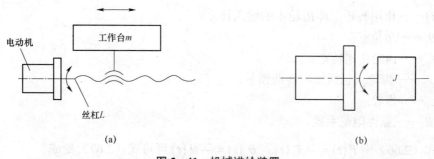

图 2-41 机械进给装置
(a) 实际系统；(b) 等效系统

$$J = m\left(\frac{L}{2\pi}\right)^2$$

式中 L——丝杠螺距,即丝杠每转一周工作台移动的直线距离。

此外,在控制系统中常用齿轮传动装置来改变转矩、转速和角位移,使系统的能量从一处传到系统的另一处。图 2-42(a)所示为一对啮合的齿轮副,转动惯量和摩擦均忽略不计,显然,齿轮副中转矩 $T_1(t)$ 和 $T_2(t)$,角位移 $\theta_1(t)$ 和 $\theta_2(t)$,角速度 $\omega_1(t)$ 和 $\omega_2(t)$,齿数 z_1 和 z_2 以及分度圆半径 r_1 和 r_2 间存在如下关系:

$$\frac{T_1}{T_2} = \frac{\theta_1}{\theta_2} = \frac{z_1}{z_2} = \frac{\omega_2}{\omega_1} = \frac{r_1}{r_2} \tag{2.66}$$

事实上,实际的齿轮副是具有转动惯量的,且啮合齿轮之间的支承中存在黏性阻尼,这些常常是不能忽略的。图 2-42(b)所示为齿轮副的等效表示法,它把黏性阻尼、转动惯量都当成集中参数。

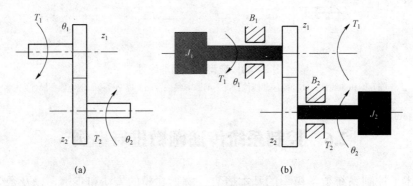

图 2-42 齿轮传动系统
(a)齿轮副;(b)等效齿轮副

齿轮 2 的转矩方程可写成

$$T_2(t) = J_2 \frac{d^2\theta_2(t)}{dt^2} + B_2 \frac{d\theta_2(t)}{dt} \tag{2.67}$$

齿轮 1 的转矩方程为

$$T(t) = J_1 \frac{d^2\theta_1(t)}{dt^2} + B_1 \frac{d\theta_1(t)}{dt} + T_1(t) \tag{2.68}$$

式中 $T(t)$——作用转矩,即齿轮 1 的输入转矩;
θ_1, θ_2——角位移;
T_1, T_2——齿轮传递转矩;
J_1, J_2——齿轮(包括轴)转动惯量;
z_1, z_2——齿数;
B_1, B_2——黏性阻尼系数。

利用式(2.66)中 $T_1(t) = \frac{z_1}{z_2} T_2(t)$,$\theta_2(t) = \frac{z_1}{z_2} \theta_1(t)$ 可将式(2.67)变成

$$T_1(t) = \left(\frac{z_1}{z_2}\right)^2 J_2 \frac{d^2\theta_1(t)}{dt^2} + \left(\frac{z_1}{z_2}\right)^2 B_2 \frac{d\theta_1(t)}{dt} \tag{2.69}$$

式（2.69）表明，可以把转动惯量、黏性阻尼、转矩、转速和角位移从齿轮副的一侧折算到另一侧。因此，可以得出齿轮 2 折算到齿轮 1 的下列各量：

$$\text{转动惯量} \left(\frac{z_1}{z_2}\right)^2 J_2 \qquad \text{黏性阻尼系数} \left(\frac{z_1}{z_2}\right)^2 B_2$$

$$\text{转矩} \ \frac{z_1}{z_2} T_2 \qquad \text{角位移} \ \frac{z_2}{z_1} \theta_2$$

$$\text{转速} \ \frac{z_2}{z_1} \omega_2$$

将式（2.69）代入式（2.68），可得

$$T(t) = J_1 \frac{d^2\theta_1}{dt^2} + B_1 \frac{d\theta_1(t)}{dt} \tag{2.70}$$

式中 $J_1 = J_1 + \left(\dfrac{z_1}{z_2}\right)^2 J_2$ ——齿轮 1 上的等效转动惯量；

$B_1 = B_1 + \left(\dfrac{z_1}{z_2}\right)^2 B_2$ ——齿轮 1 上的等效黏性阻尼系数。

如果考虑扭转弹性变形效应，则由齿轮 2 折算到齿轮 1 时，刚度系数也应乘以 $(z_1/z_2)^2$。就是说，若齿轮 2 上的扭转刚度系数为 K_2，齿轮 1 上的扭转刚度系数为 K_1，则折算后齿轮 1 上的等效刚度 K_1 为

$$K_1 = \frac{1}{\dfrac{1}{K_1} + \dfrac{1}{(z_1/z_2)^2 K_2}} \tag{2.71}$$

2.6.2 液压系统

采用液压传递动力的控制系统是很多的，如仿形机床、加工中心、机械手、机器人等。各行各业中日益增多的自动生产线，如柔性制造系统等，其中含有很多电液比例或液压伺服系统。液压系统的主要优点是功率质量比大，动作迅速灵敏。液压控制通常用于功率控制，但也常见于位置控制和速度控制。

图 2-43 所示为液压缸系统。这个系统所要研究的问题是：当液压缸的输入流量不变、负载发生变化或负载不变、输入流量发生变化时，活塞运动速度产生变化的动态过程。为简单起见，假定液压缸回油腔直通油箱，而且进油管较短，只需考虑其容积的影响。

根据液压缸工作腔的流量连续方程有

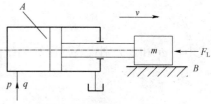

图 2-43 液压缸系统

$$q = Av + k_L p + \frac{V}{K} \cdot \frac{dp}{dt} \tag{2.72}$$

式中　A ——活塞有效工作面积；
　　　v ——活塞移动速度；
　　　k_L ——液压缸工作腔的泄漏系数；
　　　p ——液压缸工作腔压力；
　　　V ——液压缸工作腔和进油管内油液体积；
　　　K ——油液的体积弹性模量。

式（2.72）中等号右边第一项 Av 是活塞移动所需流量，第二项 $k_L p$ 是泄漏量，第三项 $\frac{V}{K} \cdot \frac{dp}{dt}$ 是因油液被压缩所引起的体积变化率。

活塞上的动力平衡方程为

$$Ap = m\frac{dv}{dt} + Bv + F_L \tag{2.73}$$

式中　m ——液压缸所驱动的工作部件质量（包括活塞、活塞杆等移动部件质量）；
　　　B ——黏性阻尼系数。

式（2.73）等号左边 Ap 为液压缸产生的推力；等号右边第一项 $m\frac{dv}{dt}$ 为惯性力，第二项 Bv 为阻尼力，第三项 F_L 为外负载力。

假设初始条件为零，将式（2.72）和式（2.73）取拉氏变换并整理后得

$$q(s) = Av(s) + \left(k_1 + \frac{V}{K}s\right)p(s) \tag{2.74}$$

$$Ap(s) = (ms + B)v(s) + F_L(s) \tag{2.75}$$

根据式（2.74）和式（2.75）可作出液压缸系统的框图如图 2-44 所示，并综合成下式：

$$v(s) = \frac{Aq(s) - \left(k_1 + \frac{V}{K}s\right)p(s)}{\frac{V}{K}s^2 + \left(k_1 m + \frac{V}{K}B\right)s + (A^2 + k_1 B)}$$

$$= \frac{1}{A^2 + k_1 B} \cdot \frac{Aq(s) - \left(k_1 + \frac{V}{K}s\right)p(s)}{\frac{s^2}{\omega_n^2} + \frac{2\xi}{\omega_n}s + 1} \tag{2.76}$$

式中，ω_n 和 ξ 分别代表液压缸系统的无阻尼固有频率和阻尼比，其值为

$$\omega_n = \sqrt{\frac{(A^2 + k_1 B)K}{Vm}} \tag{2.77}$$

$$\xi = \frac{\omega_n}{2K} \cdot \frac{Kk_1 m + VB}{A^2 + k_1 B} \tag{2.78}$$

由式（2.76）得出输入流量恒定，即 $q(s)=0$ 时，液压缸系统的闭环传递函数为

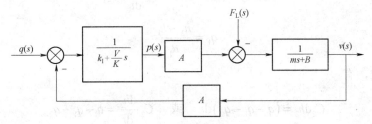

图 2-44 液压缸系统框图

$$\Phi_1(s) = \frac{v(s)}{F_L(s)} = \left(\frac{-1}{A^2 + k_1 B}\right) \frac{k_1 + \frac{V}{K}s}{\left(\frac{s}{\omega_n}\right)^2 + 2\frac{\xi}{\omega_n}s + 1} \tag{2.79}$$

外负载恒定即 $F_L(s)=0$ 时，液压缸系统的闭环传递函数为

$$\Phi_2(s) = \frac{v(s)}{q(s)} = \left(\frac{A}{A^2 + k_1 B}\right) \frac{1}{\left(\frac{s}{\omega_n}\right)^2 + 2\frac{\xi}{\omega_n}s + 1} \tag{2.80}$$

由系统框图和传递函数可以看出，该液压缸系统是一个二阶系统。

2.6.3 液位系统

图 2-45 所示为具有两个容器的液压系统。由于容器之间相互有影响，因此必须整体考虑。在稳定状态时，系统的输入和输出流量均为 $\bar{Q}$，而两个容器之间的流量为零。容器 1 和容器 2 的稳态液压高度分别为 $\bar{H}_1$ 和 $\bar{H}_2$。当 $t=0$ 时，输入流量从 $\bar{Q}$ 变为 $\bar{Q}+q$，其中 q 为流量变化量。假设变量（h_1 和 h_2，q、q_1 和 q_2）相对于它们的稳态值的变化均很小，并假定液体流过阀门的液态为层流（即阀门的液阻与其压差成正比），那么就可以写出系统的下列方程：

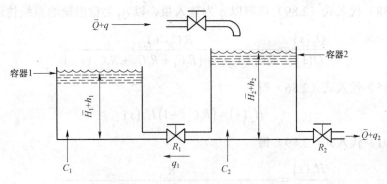

图 2-45 具有两个容器的液压系统

对于容器 1，有

$$C_1 dh_1 = q_1 dt \quad 或 \quad C_1 \frac{dh_1}{dt} = q_1 \tag{2.81}$$

$$q_1 = \frac{h_2 - h_1}{R_1} \tag{2.82}$$

对于容器 2，有

$$C_2 dh_2 = (q - q_1 - q_2) dt \quad 或 \quad C_2 \frac{dh_2}{dt} = q - q_1 - q_2 \tag{2.83}$$

$$q_2 = \frac{h_2}{R_2} \tag{2.84}$$

式中　C_1, C_2——容器 1、2 的液容，$C = dV/dH$，其中 V 为容器中液体的容积；
　　　R_1, R_2——两个容器之间阀门的液阻和输出端阀门的液阻，$R = dH/dQ$。

对式（2.81）~式（2.84）取拉氏变换，并假设初始条件为零，得

$$C_1 s H_1(s) = Q_1(s) \tag{2.85}$$

$$Q_1(s) = \frac{1}{R_1} \left[H_2(s) - H_1(s) \right] \tag{2.86}$$

$$C_2 s H_2(s) = Q(s) - Q_1(s) - Q_2(s) \tag{2.87}$$

$$Q_2(s) = \frac{1}{R_2} H_2(s) \tag{2.88}$$

通过式（2.84）~式（2.88）可以得到系统框图的各组成方框单元，如图 2-46（a）所示。将各信号适当地连接起来就构成了系统的框图，如图 2-46（b）所示。将该框图进行等效变换，得到简化的系统框图，如图 2-46（c）和图 2-46（d）所示。

由图 2-46（d）便可得到以 q 为输入量、以 h_2 为输出量的系统传递函数

$$\frac{H_2(s)}{Q(s)} = \frac{R_2(R_1 C_1 s + 1)}{R_1 C_1 R_2 C_2 s^2 + (R_1 C_1 + R_2 C_2 + R_2 C_1) s + 1} \tag{2.89}$$

将式（2.88）代入式（2.89）可得以 q 为输入量、以 q_2 为输出量的系统传递函数

$$\frac{Q_2(s)}{Q(s)} = \frac{R_1 C_1 s + 1}{R_1 C_1 R_2 C_2 s^2 + (R_1 C_1 + R_2 C_2 + R_2 C_1) s + 1} \tag{2.90}$$

将式（2.85）代入式（2.86）得

$$H_2(s) = (R_1 C_1 s + 1) H_1(s) \tag{2.91}$$

将式（2.91）代入式（2.89）得

$$\frac{H_1(s)}{Q(s)} = \frac{R_2}{R_1 C_1 R_2 C_2 s^2 + (R_1 C_1 + R_2 C_2 + R_2 C_1) s + 1} \tag{2.92}$$

综观式（2.89）、式（2.90）和式（2.92）可知，这个具有两个容器的液压系统是二阶系统。输出量不同，系统传递函数的分子不同，即系统的零点不同；而传递函数的分母是一样

的，即系统的极点相同。

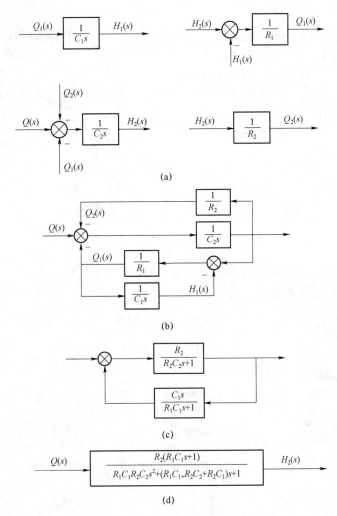

图 2-46　液压系统方框单元和系统框图

2.6.4　机电系统

图 2-47 所示为打印机中打印轮控制系统。系统由打印轮（负载）、直流电动机及用于速度反馈与位置反馈的增量编码器等组成。打印轮一般有 96 个字符位置。控制打印轮的位置，就是使需要的字符放在硬拷贝打印锤前。打印轮直接安装在电动机轴上，能在正反两个方向旋转。编码器是一种将直线或旋转位移变换为数码或脉冲信号的装置。

打印轮控制系统的控制目标是控制打印轮的位置。其原理是：当给出打印某个字符的指令时，通过指令传输电路，控制系统首先将它转换成总距离及行进方向信号，然后命令电动机驱动打印轮去校正位置。这种控制系统通常包括两种运行方式：速度控制方式及位置控制方式。当给出某个字符位置的指令时，速度控制方式通道首先工作，驱动电动机打印轮系统按速度曲线规定的转速旋转，该速度曲线存储在微处理机的控制器内。在负载驱动到希望位置附近以后，这时系统换接到位置控制方式通道。位置控制方式的主要目的是把位置误差控制到零,或者驱动打印轮在没有延迟或过大振荡的条件下尽快精确到位。

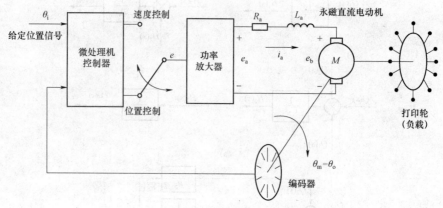

图 2-47 打印机中打印轮控制系统

下面讨论系统处于位置控制方式时的传递函数。

对于编码器-误差检测器有

$$\theta_e(t) = \theta_i(t) - \theta_o(t) \tag{2.93}$$

$$e(t) = K_s(t)\theta_e(t) \tag{2.94}$$

式中　K_s——编码器增益。

在位置控制方式中,微处理机只不过把编码器的输出与给定参考位置进行比较,再送去与该两信号之差成比例的误差信号。

对于增益为 K_A 的功率放大器,有

$$e_a(t) = K_A(t)\theta(t) \tag{2.95}$$

对于永磁直流电动机,有

$$\begin{cases} L_a \dfrac{di_a(t)}{dt} + R_a i_a(t) = e_a(t) - e_b(t) \\ e_b(t) = K_b \omega_M(t) \\ T_M(t) = K_T i_a(t) \\ J \dfrac{d\omega_M(t)}{dt} + B\omega_M(t) = T_M(t) \end{cases} \tag{2.96}$$

式中　K_b——电动机反电动势常数;

　　　K_T——电动机转矩常数;

　　　ω_M——电动机转速;

　　　T_M——电动机输出转矩;

　　　J——折算到电动机轴上的总转动惯量;

　　　B——折算到电动机轴上的总黏性阻尼系数。

其余符号意义如图 2-47 所示。

电动机输出量为

$$\frac{d\theta_M(t)}{dt} = \omega_M(t), \quad \theta_o(t) = \theta_M(t) \tag{2.97}$$

式（2.93）～式（2.97）取拉氏变换，可画出以 θ_i 为输入、θ_o 为输出的系统框图，如图 2-48 所示。

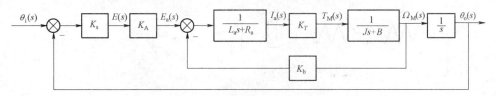

图 2-48 打印轮位置控制系统框图

由此可求出系统闭环传递函数为

$$\Phi(s) = \frac{\theta_o(s)}{\theta_i(s)} = \frac{K_s K_A K_T}{R_a B s(T_a s+1)(T s+1) + K_b K_T s + K_s K_A K_T} \tag{2.98}$$

式中，$T_a = L_a / R_a$；$T = J / B$。

式（2.98）表明，打印轮位置控制系统是一个三阶系统。

但由于 $T_a \approx 0$，式（2.98）可简化为

$$\Phi(s) = \frac{\theta_o(s)}{\theta_i(s)} = \frac{K_s K_A K_T}{R_a J s^2 + (K_b K_T + R_a B)s + K_s K_A K_T} \tag{2.99}$$

这个传递函数是二阶的。于是，它可写成标准形式。

因此，系统无阻尼固有频率为

$$\omega_n = \sqrt{\frac{K_s K_A K_T}{R_a J}}$$

阻尼比为

$$\xi = \frac{K_A K_T + R_a B}{2 R_a J \omega_n} = \frac{K_A K_T + R_a B}{2\sqrt{K_s K_A K_T R_a J}}$$

习　题

2-1　试建立如图 2-49 所示各系统的动态微分方程，并说明这些动态方程之间有什么特点。图 2-49 中位移 x_1 为系统输入量；位移 x_2 为系统输出量；K、K_1 和 K_2 为弹簧刚度系数；B 为黏性阻尼系数。

2-2　写出如图 2-50 所示机械系统的运动微分方程式，外加力 $f(t)$ 为输入，位移 x_2 为输出。

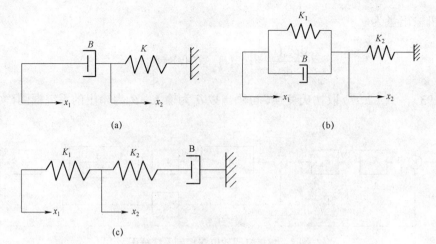

图 2-49 题 2-1 图

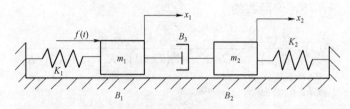

图 2-50 题 2-2 图

2-3 使用部分分式法求下列函数的拉氏反变换：

(1) $G(s) = \dfrac{s}{(s+a)(s-b)}$

(2) $G(s) = \dfrac{s+3}{(s+1)(s+2)}$

(3) $G(s) = \dfrac{s+c}{(s+a)(s+b)^2}$

(4) $G(s) = \dfrac{1}{(s+b)^2(s+4)}$

(5) $G(s) = \dfrac{s}{(s+1)^2(s+2)}$

(6) $G(s) = \dfrac{10}{s(s^2+4)(s+1)}$

2-4 证明图 2-51 (a)、图 2-51 (b) 所示系统具有相同形式的传递函数。

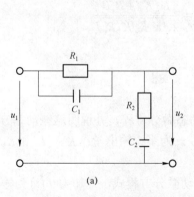 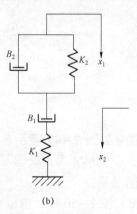

图 2-51 题 2-4 图

2-5 按信息传递和转换过程,绘出如图 2-52 所示机械系统的框图。

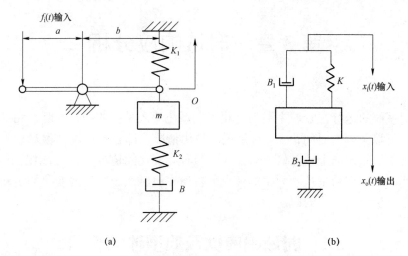

图 2-52 题 2-5 图

2-6 基于方框简化法则,求取图 2-53 所示框图对应的系统闭环传递函数。

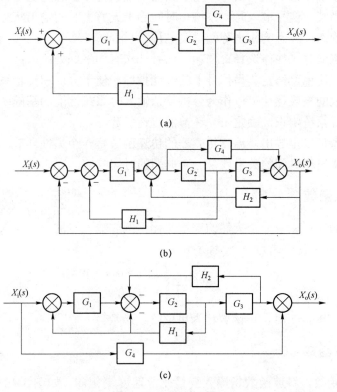

图 2-53 题 2-6 图

第3章 时域响应分析

机电控制系统的运行在时域中最为直观。当系统输入某些典型信号时，利用拉氏变换中的终值定理，可以了解当时间 $t \to \infty$ 时系统的输出情况，即稳态状况；但对动态系统来说，更重要的是要了解系统加上输入信号后其输出随时间变化的情况，我们希望系统响应满足稳、准、快。另外，我们还希望从动力学的观点分析研究机械系统随时间变化的运动规律。以上就是时域响应分析所要解决的问题。

3.1 时域响应以及典型输入信号

首先给出瞬态响应和稳态响应的定义。

瞬态响应：系统在某一输入信号作用下其输出量从初始状态到稳定状态的响应过程。

稳态响应：当某一信号输入时，系统在时间趋于无穷大时的输出状态。

稳态也称为静态，瞬态响应也称为过渡过程。

在分析瞬态响应时，往往选择典型输入信号，这有如下好处：

（1）数学处理简单，给定典型信号下的性能指标，便于分析和综合系统；

（2）典型输入的响应往往可以作为分析复杂输入时系统性能的基础；

（3）便于进行系统辨识，确定未知环节的传递函数。

由热力学模型可以推导出，温度传感器的传递函数是一个惯性环节，将温度传感器置于特定温度下，其输出和时间的关系就是一个典型的时间响应。

3.1.1 阶跃函数

阶跃函数指输入变量有一个突然的定量变化，例如输入量的突然加入或突然停止等，如图 3-1 所示，其数学表达式为

$$x_i(t) = \begin{cases} a, & t > 0 \\ 0, & t < 0 \end{cases}$$

式中，a 为常数。当 $a=1$ 时，该函数称为单位阶跃函数。

3.1.2 斜坡函数

也称作速度函数，斜坡函数指输入变量是等速度变化的，如图 3-2 所示，其函数表达式为

$$x_i(t) = \begin{cases} at, & t > 0 \\ 0, & t < 0 \end{cases}$$

式中，a 为常数。当 $a=1$ 时，该函数称为单位斜坡函数（或单位速度函数）。

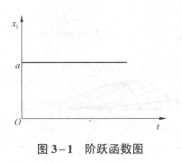

图 3-1 阶跃函数图

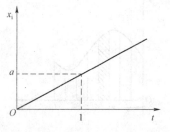

图 3-2 斜坡函数(也称速度函数)

3.1.3 加速度函数

加速度函数指输入变量是等加速度变化的,如图 3-3 所示,其数学表达式为

$$x_i(t) = \begin{cases} at^2, & t > 0 \\ 0, & t < 0 \end{cases}$$

式中,a 为常数。当 $a = \dfrac{1}{2}$ 时,该函数称为单位加速度函数。

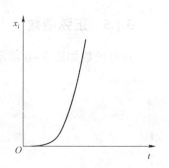

图 3-3 加速度函数

3.1.4 脉冲信号

脉冲信号的函数表达式可以表示为

$$x_i(t) = \begin{cases} \lim\limits_{t_0 \to 0} \dfrac{a}{t_0}, & 0 < t < t_0 \\ 0, & t < 0 \text{ 或 } t > t_0 \end{cases}$$

式中,a 为常数。因此,当 $0 < t < t_0$ 时,该函数值为无穷大。

脉冲函数如图 3-4 所示,其脉冲高度为无穷大,持续时间为无穷小,脉冲面积为 a,因此,通常脉冲强度是以其面积 a 衡量的。当面积 $a = 1$ 时,脉冲函数称为单位脉冲函数,又称 δ 函数。当系统输入为单位脉冲函数时,其输出响应称为脉冲响应函数。由于 δ 函数有一个很重要的性质,即其拉氏变换等于 1,因此系统传递函数即为脉冲响应函数的象函数。

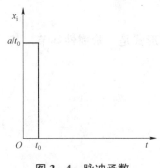

图 3-4 脉冲函数

当系统输入任一时间函数时,可将输入线号分割为 n 个脉冲,当 $n \to \infty$ 时,输入函数 $x(t)$ 可看成 n 个脉冲叠加响应函数的卷积,脉冲响应函数因此又得名权函数,如图 3-5 所示。

如果 $x(t)$ 在 $t = 0$ 处包含一个脉冲函数,那么,其拉氏变换得积分下限必须明确指出是 0^-,因此此时 $L_+[x(t)] \neq L_-[x(t)]$。

如果 $x(t)$ 在 $t = 0$ 处不含脉冲函数,则 $L_+[x(t)] = L_-[x(t)]$,其积分下限可不注明是 0^-。

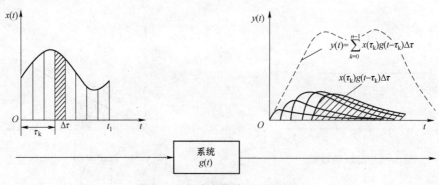

图 3-5 任意函数输入下的响应

3.1.5 正弦函数

正弦函数如图 3-6 所示，其数学表达式为

$$x_i(t) = \begin{cases} a\sin\omega t, & t > 0 \\ 0, & t < 0 \end{cases}$$

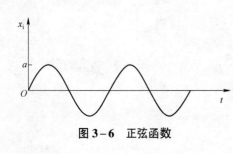

图 3-6 正弦函数

选择哪种函数作为典型输入信号，应视不同系统的具体工作状况而定。例如，如果控制系统的输入量是随时间逐渐变化的函数，像机床、雷达天线、火炮、控温装置等，以选择斜坡函数较为合适；如果控制系统的输入量是脉冲量，像导弹发射，以选择脉冲函数较为适当；如果控制系统的输入量是随时间变化的往复运动，像研究机床振动，以选择正弦函数为好；如果控制系统的输入量是突然变化的，像突然合电、断电，则以选择阶跃函数为宜。值得注意的事，时域的性能指标往往是选择阶跃函数作为输入来定义的。

3.2 一阶系统的时域响应

凡是能够用一阶微分方程描述的系统称为一阶系统，它的典型形式是一阶惯性环节，其传递函数为

$$G(s) = \frac{X_o(s)}{X_i(s)} = \frac{1}{Ts+1}$$

式中　T——时间常数。

下面分析一阶惯性环节在典型输入信号作用下的时间响应。

3.2.1 一阶惯性环节的单位阶跃响应

系统在单位阶跃信号作用下的输出称为单位阶跃响应。单位阶跃信号 $x_i(t) = 1(t)$ 的拉氏变换为 $X_i(s) = \dfrac{1}{s}$，则一阶惯性环节在单位阶跃信号作用下的输出的拉氏变换为

$$X_o(s) = G(s)X_i(s) = \frac{1}{Ts+1} \cdot \frac{1}{s} = \frac{1}{s} - \frac{1}{s+\frac{1}{T}}$$

将上式进行拉氏反变换,得出一阶惯性环节的单位阶跃响应为

$$x_o(t) = L^{-1}[X_o(s)] = 1 - e^{-\frac{1}{T}t} \qquad (t \geq 0) \tag{3.1}$$

根据式(3.1),当 t 取 T 的不同倍数时,可得出表 3.1 的数据。

表 3.1 一阶惯性环节的单位阶跃响应

t	0	T	$2T$	$3T$	$4T$	$5T$	...	∞
$x_o(t)$	0	0.632	0.865	0.950	0.982	0.993	...	1

前述将温度传感器置于恒定温度下所得到的时间响应就是这里的一阶惯性环节的阶跃响应(不一定是单位阶跃)。一阶惯性环节在单位阶跃信号作用下的时间响应曲线如图 3-7 所示,它是一条单调上升的指数曲线,其值随着自变量的增大而趋近于稳态值 1。从式(3.1)和图 3-7 中可以看得出:

(1) 一阶惯性环节是稳定的,无振荡。

(2) 当 $t=T$ 时, $x_o(t) = 0.632$,即经过时间 T,曲线上升到 0.632 的高度。反过来,如果用实验方法测出响应曲线达到 0.632 高度点时所用的时间,则该时间就是一阶惯性环节的时间常数 T。

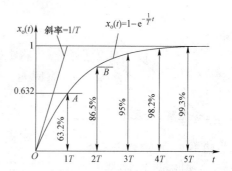

图 3-7 一阶惯性环节的单位阶跃响应曲线

(3) 经过时间 $3T \sim 4T$,响应曲线已达稳态值的 95%~98%,在工程上可以认为其瞬态响应过程基本结束,系统进入稳态过程。由此可见,时间常数 T 反映了一阶惯性环节的固有特性,其值越小,系统惯性越小,响应越快。

(4) 因为

$$\left.\frac{dx_o(t)}{dt}\right|_{t=0} = \left.\frac{1}{T}e^{-\frac{1}{T}t}\right|_{t=0} = \frac{1}{T}$$

所以,在 $t=0$ 处,响应曲线的切线斜率为 $\frac{1}{T}$。

(5) 将式(3.1)改写为

$$e^{-\frac{1}{T}t} = 1 - x_o(t)$$

两边取对数,得

$$\left(-\frac{1}{T}\lg e\right)t = \lg[1 - x_o(t)]$$

式中 $-\frac{1}{T}\lg e$ ——常数。

由上式可知：$\lg[1-x_o(t)]$ 与时间 t 为线性比例关系，以时间 t 为横坐标，$\lg[1-x_o(t)]$ 为纵坐标，则可以得到如图 3-8 所示的一条经过原点的直线。因此，可以得出如下的一阶惯性环节的识别方法：通过实测得出某系统的单位阶跃响应 $x_o(t)$，将值 $[1-x_o(t)]$ 标在半对数坐标纸上，如果得出一条曲线，则可以认为该系统为一阶惯性环节。

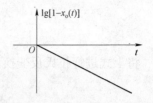

图 3-8 一阶惯性环节的识别曲线

3.2.2 一阶惯性环节的单位速度响应

系统在单位速度信号作用下的输出称为单位速度响应。单位速度信号的拉氏变换为 $X_i(s) = \dfrac{1}{s^2}$，则一阶惯性环节在单位速度信号作用下的输出的拉氏变换为

$$X_o(s) = G(s)X_i(s) = \frac{1}{Ts+1} \cdot \frac{1}{s^2} = \frac{1}{s} - \frac{T}{s} + \frac{T}{s+\dfrac{1}{T}}$$

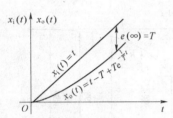

图 3-9 一阶惯性环节的单位速度响应曲线

将上式进行拉氏反变换，得出一阶惯性环节的单位速度响应为

$$x_o(t) = \mathscr{L}^{-1}[X_o(s)] = t - T + Te^{-\frac{1}{T}t} \quad (t \geq 0) \quad (3.2)$$

根据式（3.2），可以求得其时间响应曲线，如图 3-9 所示，仍是一条单调上升的指数曲线。

一阶惯性环节在单位速度信号作用下的输入 $x_i(t)$ 与输出 $x_o(t)$ 之间的误差 $e(t)$ 为

$$e(t) = x_i(t) - x_o(t) = t - \left(t - T + Te^{-\frac{1}{T}t}\right) = T\left(1 - e^{-\frac{1}{T}t}\right)$$

则有 $\lim\limits_{t \to \infty} e(t) = T$，这就是说，一阶惯性环节在单位速度信号作用下的稳态误差为 T。显然，时间常数 T 越小，其稳态误差就越小。

3.2.3 一阶惯性环节的单位脉冲响应

系统在单位脉冲信号作用下的输出称为单位脉冲响应。单位脉冲信号 $x_i(t) = t$ 的拉氏变换为 $X_i(s) = 1$，则一阶惯性环节在单位脉冲信号作用下的输出的拉氏变换为

$$X_o(s) = G(s)X_i(s) = \frac{1}{Ts+1} \cdot 1 = \frac{1}{s} - \frac{\dfrac{1}{T}}{s+\dfrac{1}{T}}$$

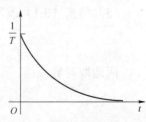

图 3-10 一阶惯性环节的单位脉冲响应曲线

将上式进行拉氏反变换，得出一阶惯性环节的单位脉冲响应为

$$x_o(t) = L^{-1}[X_o(s)] = \frac{1}{T}e^{-\frac{1}{T}t} \quad (t \geq 0) \quad (3.3)$$

根据式（3.3），可以求得其时间响应曲线，如图 3-10 所示，它

是一条单调下降的指数曲线。

3.2.4 线性定常系统时间响应的性质

已知单位脉冲信号 $\delta(t)$、单位阶跃信号 $1(t)$ 以及单位速度信号 t 之间的关系为

$$\left.\begin{aligned} \delta(t) &= \frac{\mathrm{d}}{\mathrm{d}t}[1(t)] \\ 1(t) &= \frac{\mathrm{d}}{\mathrm{d}t}[t] \end{aligned}\right\} \tag{3.4}$$

又已知一阶惯性环节在这三种典型输入信号作用下的时间响应分别为

$$x_{o\delta}(t) = \frac{1}{T}\mathrm{e}^{-\frac{1}{T}t}$$

$$x_{o1}(t) = 1 - \mathrm{e}^{-\frac{1}{T}t}$$

$$x_{ot}(t) = t - T + T\mathrm{e}^{-\frac{1}{T}t}$$

显然可以得出

$$\left.\begin{aligned} x_{o\delta}(t) &= \frac{\mathrm{d}}{\mathrm{d}t}[x_{o1}(t)] \\ x_{o1}(t) &= \frac{\mathrm{d}}{\mathrm{d}t}[x_{ot}(t)] \end{aligned}\right\} \tag{3.5}$$

由式（3.4）和式（3.5）可知，单位脉冲、单位阶跃和单位速度三个典型输入信号之间存在着微分和积分的关系，而且一阶惯性环节的单位脉冲响应、单位阶跃响应和单位速度响应之间也存在着同样的微分和积分的关系。因此，系统对输入信号导数的响应，可以通过系统对该输入信号响应的导数来求得；而系统对输入信号积分的响应，可以通过系统对该输入信号响应的积分来求得，其积分常数由初始条件来确定。这是线性定常系统时间响应的一个重要性质，即如果系统的输入信号存在微分和积分关系，则系统的时间响应也存在对应的微分和积分关系。

3.3 二阶系统的时域响应

凡是可用二阶微分方程描述的系统称为二阶系统。从物理上讲，二阶系统总包含两个独立的储能元件，能量在两个元件之间交换，使系统具有往复振荡的趋势。当阻尼不够充分大时，系统呈现出振荡的特性，所以，二阶系统也称为二阶振荡环节。二阶系统对控制工程来说是非常重要的，因为很多实际控制系统都是二阶系统，而且许多高阶系统在一定条件下也可以将其简化为二阶系统来近似求解。因此，分析二阶系统的时间响应及其特性具有重要的实际意义。

二阶系统的典型传递函数为

$$G(s) = \frac{X_o(s)}{X_i(s)} = \frac{1}{T^2 s^2 + 2\xi T s + 1}$$

式中　T——时间常数，也称为无阻尼自由振荡周期；

　　　ξ——阻尼比。

令 $\omega_n = \dfrac{1}{T}$，ω_n 称为二阶系统的无阻尼固有频率或称自然频率，则二阶系统的典型传递函数又可以写为

$$G(s) = \dfrac{X_o(s)}{X_i(s)} = \dfrac{\omega_n^2}{s^2 + 2\xi\omega_n s + \omega_n^2}$$

二阶系统的特征方程为

$$s^2 + 2\xi\omega_n s + \omega_n^2 = 0$$

有两个极点 $s_{1,2} = -\xi\omega_n \pm \omega_n\sqrt{\xi^2 - 1}$。

显然，二阶系统的极点与二阶系统的阻尼比 ξ 和固有频率 ω_n 有关，尤其是阻尼比 ξ 更为重要。随着阻尼比 ξ 取值的不同，二阶系统的极点也各不相同。

（1）当 $0 < \xi < 1$ 时，称二阶系统为欠阻尼系统，其特征方程的根是一对共轭复根，即极点是一对共轭复数极点

$$S_{1,2} = -\xi\omega_n \pm j\omega_n\sqrt{1 - \xi^2}$$

令 $\omega_d = \omega_n\sqrt{1 - \xi^2}$，$\omega_d$ 称为有阻尼振荡角频率，则有

$$s_{1,2} = -\xi\omega_n \pm j\omega_d$$

（2）当 $\xi = 1$ 时，称二阶系统为临界阻尼系统，其特征方程的根是两个相等的负实根，即具有两个相等的负实数极点

$$S_{1,2} = -\omega_n$$

（3）当 $\xi > 1$ 时，称二阶系统为过阻尼系统，其特征方程的根是两个不相等的负实根，即具有两个不相等的负实数极点

$$S_{1,2} = -\xi\omega_n \pm \omega_n\sqrt{\xi^2 - 1}$$

（4）当 $\xi = 0$ 时，称二阶系统为零阻尼系统，其特征方程的根是一对共轭虚根，即具有一对共轭虚数极点

$$S_{1,2} = \pm j\omega_n$$

（5）当 $\xi < 0$ 时，称二阶系统为负阻尼系统，此时系统不稳定。

3.3.1 二阶系统的单位阶跃响应

单位阶跃信号 $x_i(t) = 1(t)$ 的拉氏变换为 $X_i(s) = \dfrac{1}{s}$，则二阶系统在单位阶跃信号作用下的输出的拉氏变换为

$$X_o(s) = G(s)X_i(s) = \dfrac{\omega_n^2}{s(s^2 + 2\xi\omega_n + \omega_n^2)}$$

将上式进行拉氏反变换，得出二阶系统的单位阶跃响应为

$$x_o(t) = L^{-1}[X_o(s)] = L^{-1}\left[\dfrac{\omega_n^2}{s(s^2 + 2\xi\omega_n s + \omega_n^2)}\right] \tag{3.6}$$

下面根据阻尼比 ξ 的不同取值情况来分析二阶系统的单位阶跃响应。

1. 欠阻尼状态（$0<\xi<1$）

在欠阻尼状态下，二阶系统传递函数的特征方程的根是一对共轭复根，即系统具有一对共轭复数极点，则二阶系统在单位阶跃信号作用下的输出的拉氏变换可展开成部分分式，由部分分式展开法可得

$$X_o(s) = \frac{\omega_n^2}{s(s^2 + 2\xi\omega_n s + \omega_n^2)}$$

$$= \frac{1}{s} - \frac{s+\xi\omega_n}{(s+\xi\omega_n)^2 + \omega_d^2} - \frac{\xi}{\sqrt{1-\xi^2}} \cdot \frac{\omega_d}{(s+\xi\omega_n)^2 + \omega_d^2}$$

将上式进行拉氏反变换，得出二阶系统在欠阻尼状态时的单位阶跃响应为

$$x_o(t) = 1 - e^{-\xi\omega_n t}\cos\omega_d t - \frac{\xi}{\sqrt{1-\xi^2}} e^{-\xi\omega_n t}\sin\omega_d t$$

即

$$x_o(t) = 1 - \frac{e^{-\xi\omega_n t}}{\sqrt{1-\xi^2}}\left(\sqrt{1-\xi^2}\cos\omega_d t + \xi\sin\omega_d t\right) \quad (t \geq 0) \tag{3.7}$$

令 $\tan\varphi = \dfrac{\sqrt{1-\xi^2}}{\xi}$，根据图 3-11 的关系可知，$\sin\varphi = \sqrt{1-\xi^2}$，$\cos\varphi = \xi$，则有

$$\sqrt{1-\xi^2}\cos\omega_d t + \xi\sin\omega_d t$$
$$= \sin\varphi\cos\omega_d t + \cos\varphi\sin\omega_d t = \sin(\omega_d t + \varphi)$$

所以，式（3.7）可以写成

$$x_o(t) = 1 - \frac{e^{-\xi\omega_n t}}{\sqrt{1-\xi^2}}\sin(\omega_d t + \varphi) \quad (t \geq 0) \tag{3.8}$$

式中，$\varphi = \arctan\dfrac{\sqrt{1-\xi^2}}{\xi}$。

二阶系统在欠阻尼状态下的单位阶跃响应曲线如图 3-12 所示，它是一条以 ω_d 为频率的衰减振荡曲线。从图 3-12 中可以看出，随着阻尼比 ξ 的减小，其振荡幅值增大。

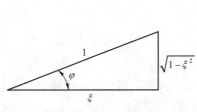

图 3-11　ξ 与 φ 的关系

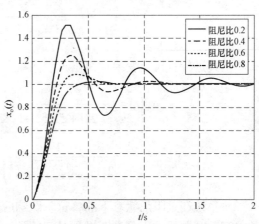

图 3-12　欠阻尼二阶系统单位阶跃响应曲线

2. 临界阻尼状态（$\xi=1$）

在临界阻尼状态下，二阶系统传递函数的特征方程的根是二重负实根，即系统具有两个相等的负实数极点，则二阶系统在单位阶跃信号作用下的输出的拉氏变换可展开成部分分式，由部分分式展开法可得

$$X_o(s) = \frac{\omega_n^2}{S(s^2 + 2\omega_n s + \omega_n^2)}$$

$$= \frac{\omega_n^2}{S(S+\omega_n)^2} = \frac{1}{S} - \frac{1}{S+\omega_n} - \frac{\omega_n}{(S+\omega_n)^2}$$

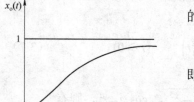

图 3-13 临界阻尼二阶系统的单位阶跃响应曲线

将上式进行拉氏反变换，得出二阶系统在临界阻尼状态时的单位阶跃响应为

$$x_o(t) = 1 - e^{-\omega_n t} - \omega_n t e^{-\omega_n t}$$

即 $$x_o(t) = 1 - e^{-\omega_n t}(1+\omega_n t) \quad (t \geq 0) \quad (3.9)$$

二阶系统在临界阻尼状态下的单位阶跃响应曲线如图 3-13 所示，它是一条无振荡、无超调的单调上升曲线。

3. 过阻尼状态（$\xi>1$）

在过阻尼状态下，二阶系统传递函数的特征方程的根是两个不相等的负实根，即系统具有两个不相等的负实数极点，则二阶系统在单位阶跃信号作用下的输出的拉氏变换可展开成部分分式

$$X_o(s) = \frac{\omega_n^2}{S(S^2 + 2\xi\omega_n + \omega_n^2)}$$

$$= \frac{1}{s} - \frac{1}{2(1+\xi\sqrt{\xi^2-1}-\xi^2)(s+\xi\omega_n - \omega_n\sqrt{\xi^2-1})} -$$

$$\frac{1}{2(1-\xi\sqrt{\xi^2-1}-\xi^2)(s+\xi\omega_n - +\omega_n\sqrt{\xi^2-1})}$$

将上式进行拉氏反变换，得出二阶系统在过阻尼状态时的单位阶跃响应为

$$x_o(t) = 1 - \frac{1}{2(1+\xi\sqrt{\xi^2-1}-\xi^2)} e^{-(\xi-\sqrt{\xi^2-1})\omega_n t} -$$

$$\frac{1}{2(1-\xi\sqrt{\xi^2-1}-\xi^2)} e^{-(\xi+\sqrt{\xi^2-1})\omega_n t} \quad (t \geq 0) \quad (3.10)$$

二阶系统在过阻尼状态下的单位阶跃响应曲线如图 3-14 所示，仍是一条无振荡、无超调的单调上升曲线，而且过渡过程时间较长。

4. 无阻尼状态（$\xi = 0$）

在无阻尼状态下，二阶系统传递函数的特征方程的根是一对共轭虚根，即系统具有一对共轭虚数极点，则二阶系统在单位阶跃信号作用下的输出的拉氏变换可展开成部分分式

$$X_o(s) = \frac{\omega_n^2}{s(s^2 + \omega_n^2)}$$

$$= \frac{1}{s} - \frac{s}{s^2 + \omega_n^2}$$

将上式进行拉氏反变换，得出二阶系统在无阻尼状态时的单位阶跃响应为

$$x_o(t) = 1 - \cos\omega_n t \qquad (t \geq 0) \qquad (3.11)$$

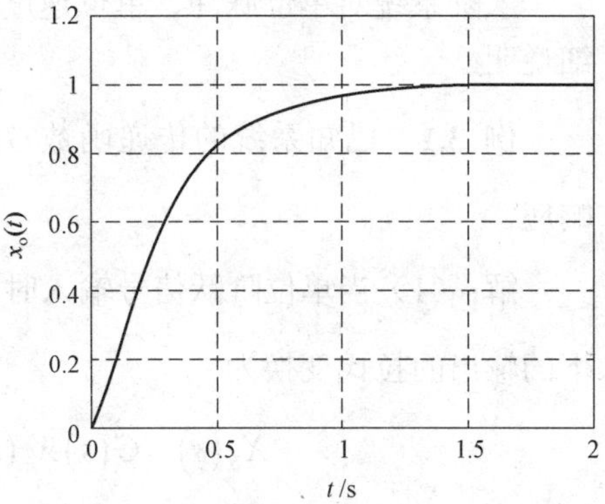

图 3-14 过阻尼（$\xi = 1.5$）二阶系统的单位阶跃响应曲线

二阶系统在零阻尼状态下的单位阶跃响应曲线如图 3-15 所示，它是一条无阻尼等幅振荡曲线。

5. 负阻尼状态（$\xi < 0$）

在负阻尼状态下，考察式（3.8）

$$x_o(t) = 1 - \frac{e^{-\xi\omega_n t}}{\sqrt{1-\xi^2}}\sin(\omega_d t + \varphi) \qquad (t \geq 0)$$

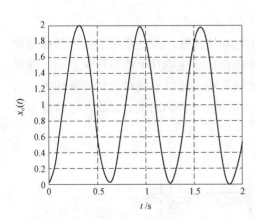

图 3-15 零阻尼二阶系统的单位阶跃响应曲线

当 $\xi < 0$ 时，有 $-\xi\omega_n > 0$，因此当 $t \to \infty$ 时，$e^{-\xi\omega_n t} \to \infty$，这说明 $x_o(t)$ 是发散的。也就是说，当 $\xi < 0$ 时，系统的输出无法达到与输入形式一致的稳定状态，所以负阻尼的二阶系统不能正常工作，称为不稳定的系统。

综上所述，二阶系统的单位阶跃响应就其振荡特性而言，当 $\xi < 0$ 时，系统是发散的，将引起系统不稳定，应当避免产生。当 $\xi \geq 1$ 时，响应不存在超调，没有振荡，但过渡过程时间较长。当 $0 < \xi < 1$ 时，产生振荡，且 ξ 越小，振荡越严重，当 $\xi = 0$ 时出现等幅振荡。但就响应的快速性而言，ξ 越小，响应越快。也就是说，阻尼比 ξ 过大或过小都会带来某一方面的问题。对于欠阻尼二阶系统，如果阻尼比 ξ 在 0.4~0.8 之间，其响应曲线能较快地达到稳态值，同时振荡也不严重。因此对于二阶系统，除了一些不允许产生振荡的应用情况外，通常希望系统既有相当的快速性，又有足够的阻尼使其只有一定程度的振荡，因此实际的工程系统常常设计成欠阻尼状态，且阻尼比 ξ 选择在 0.4~0.8 之间为宜。过阻尼状态响应迟缓，在实际控制系统中几乎均不采用。

此外，当阻尼比 ξ 一定时，固有频率 ω_n 越大，系统能更快达到稳态值，响应的快速性越好。

二阶系统对单位脉冲、单位速度输入信号的时间响应,其分析方法相同,这里不再做详细说明。

例 3.1 已知系统的传递函数 $G(s) = \dfrac{2s+1}{s^2+2s+1}$,试求系统的单位阶跃响应和单位脉冲响应。

解: (1) 当单位阶跃信号输入时,$x_i(t) = 1(t)$,$X_i(s) = \dfrac{1}{s}$,则系统在单位阶跃信号作用下的输出的拉氏变换为

$$X_o(s) = G(s)X_i(s) = \dfrac{2s+1}{s(s^2+2s+1)} = \dfrac{1}{s} + \dfrac{1}{(s+1)^2} - \dfrac{1}{s+1}$$

将上式进行拉氏反变换,得出系统的单位阶跃响应为

$$x_o(t) = L^{-1}[X_o(s)] = 1 + te^{-t} - e^{-t}$$

(2) 当单位脉冲信号输入时,$x_i(t) = \delta(t)$,由式(3.7)则可知,$\delta(t) = \dfrac{d}{dt}[1(t)]$,根据线性定常系统时间响应的性质,如果系统的输入信号存在微分关系,则系统的时间响应也存在对应的微分关系,则系统的单位脉冲响应为

$$x_o(t) = \dfrac{d}{dt}[1 + te^{-t} - e^{-t}] = 2e^{-t} - te^{-t}$$

3.3.2 二阶系统的性能指标

1. 控制系统的时域性能指标

对控制系统的基本要求是其响应的稳定性、准确性和快速性。控制系统的性能指标是评价系统动态品质的定量指标,是定量分析的基础。性能指标往往用几个特征量来表示,既可以在时域提出,也可以在频域提出。时域性能指标比较直观,是以系统对单位阶跃输入信号的时间响应形式给出的,如图3-16所示,主要有上升时间 t_r、峰值时间 t_p、最大超调量 M_p、调整时间 t_s 以及振荡次数 N 等。

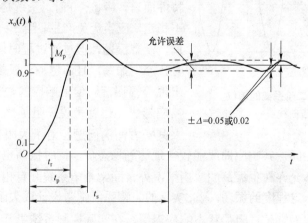

图3-16 控制系统的时域性能指标

1）上升时间 t_r

响应曲线从零时刻出发首次到达稳态值所需的时间定义为上升时间 t_r。对于没有超调的系统，从理论上讲，其响应曲线到达稳态值的时间需要无穷大，因此，一般将其上升时间 t_r 定义为响应曲线从稳态值的10%上升到稳态值的90%所需的时间。

2）峰值时间 t_p

响应曲线从零时刻出发首次到达第一个峰值所需的时间定义为峰值时间 t_p。

3）最大超调量 M_p

响应曲线的最大峰值与稳态值的差定义为最大超调量 M_p，即

$$M_p = x_o(t_p) - x_o(\infty)$$

或者用百分数（%）表示

$$M_p = \frac{x_o(t_p) - x_o(\infty)}{x_o(\infty)} \times 100\%$$

4）调整时间 t_s

在响应曲线的稳态值上，用稳态值的 $\pm\Delta$ 作为允许误差范围，响应曲线到达并将永远保持在这一允许误差范围内所需的时间定义为调整时间 t_s。允许误差范围 $\pm\Delta$ 一般取稳态值的 $\pm5\%$ 或 $\pm2\%$。

5）振荡次数 N

振荡次数 N 在调整时间 t_s 内定义，实测时可按响应曲线穿越稳态值的次数的一半来计数。

在以上各项性能指标中，上升时间 t_r、峰值时间 t_p 和调整时间 t_s 反映系统时间响应的快速性，而最大超调量 M_p 和振荡次数 N 则反映系统时间响应的平稳性。

2. 二阶系统的时域性能指标

过阻尼状态的二阶系统，其传递函数可分解为两个一阶惯性环节的串联。因此，对于二阶系统，最重要的是研究欠阻尼状态的情况。以下推导在欠阻尼状态下，二阶系统各项时域性能指标的计算公式。

1）上升时间

二阶系统在欠阻尼状态下的单位阶跃响应由式（3.11）给出，即

$$x_o(t) = 1 - \frac{e^{-\xi\omega_n t}}{\sqrt{1-\xi^2}} \sin(\omega_d t + \varphi) \quad (t \geq 0)$$

式中，$\omega_d = \omega_n\sqrt{1-\xi^2}$，$\varphi = \arctan\frac{\sqrt{1-\xi^2}}{\xi}$。

根据上升时间 t_r 的定义，有 $x_o(t_r) = 1$，代入上式，可得

$$1 = 1 - \frac{e^{-\xi\omega_n t_r}}{\sqrt{1-\xi^2}} \sin(\omega_d t_r + \varphi)$$

即

$$\frac{e^{-\xi\omega_n t_r}}{\sqrt{1-\xi^2}} \sin(\omega_d t_r + \varphi) = 0$$

因为 $e^{-\xi\omega_n t_r} \neq 0$ 且 $0 < \xi < 1$，所以必须

$$\sin(\omega_d t_r + \varphi) = 0$$

故有
$$\omega_d t_r + \varphi = k\pi, \quad k = 0, \pm 1, \pm 2, \cdots$$

由于 t_r 被定义为第一次到达稳态值的时间，因此上式中应取 $k=1$，于是得

$$t_r = \frac{\pi - \varphi}{\omega_d} \tag{3.12}$$

将 $\omega_d = \omega_n \sqrt{1-\xi^2}$，$\varphi = \arctan\dfrac{\sqrt{1-\xi^2}}{\xi}$ 代入上式，得

$$t_r = \frac{\pi - \arctan\dfrac{\sqrt{1-\xi^2}}{\xi}}{\omega_n \sqrt{1-\xi^2}} \tag{3.13}$$

由上式可见，当 ξ 一定时，ω_n 增大，t_r 就减小；当 ω_n 一定时，ξ 增大，t_r 就增大。

2）峰值时间 t_p

根据峰值时间 t_p 的定义，有 $\left.\dfrac{dx_o(t)}{dt}\right|_{t=t_p} = 0$，将式（3.8）求导并代入 t_p 可得

$$\frac{\xi \omega_n}{\sqrt{1-\xi^2}} e^{-\xi \omega_n t_p} \sin(\omega_d t_p + \varphi) - \frac{\omega_n}{\sqrt{1-\xi^2}} e^{-\xi \omega_n t_p} \cos(\omega_d t_p + \varphi) = 0$$

因为 $e^{-\xi \omega_n t_p} \neq 0$ 且 $0 < \xi < 1$，所以

$$\tan(\omega_d t_p + \varphi) = \frac{\omega_d}{\xi \omega_n} = \frac{\sqrt{1-\xi^2}}{\xi} = \tan \varphi$$

从而有
$$\omega_d t_p + \varphi = \varphi + k\pi, \quad k = 0, \pm 1, \pm 2, \cdots$$

由于 t_p 被定义为到达第一个峰值的时间，因此上式中应取 $k=1$，于是得

$$T_p = \frac{\pi}{\omega_d} = \frac{\pi}{\omega_n \sqrt{1-\xi^2}} \tag{3.14}$$

由此式可见，当 ξ 一定时，ω_n 增大，t_p 就减小；当 ω_n 一定时，ξ 增大，t_p 就增大。t_p 与 t_r 随 ω_n 和 ξ 的变化规律相同。

将有阻尼振荡周期 T_d 定义为 $T_d = \dfrac{2\pi}{\omega_d} = \dfrac{\pi}{\omega_n \sqrt{1-\xi^2}}$，则峰值时间 t_p 是有阻尼振荡周期 T_d 的一半。

3）最大超调量 M_p

根据最大超调量 M_p 的定义，有 $M_p = x_o(t_p) - 1$，将峰值时间 $t_p = \dfrac{\pi}{\omega_d}$ 代入上式，整理后可得

$$M_p = e^{-\dfrac{\xi \pi}{\sqrt{1-\xi^2}}} \tag{3.15}$$

由此式可见，最大超调量 M_p 只与系统的阻尼比 ξ 有关，而与固有频率 ω_n 无关，所以 M_p 是系统阻尼特性的描述。因此，当二阶系统的阻尼比 ξ 确定后，就可求出相应的最大超调量 M_p；反之，如果给定系统所要求的最大超调量 M_p，则可以由它来确定相应的阻尼比 ξ。M_p 与 ξ 的关系如表 3.2 所示。

表 3.2 不同阻尼比的最大超调量

ξ	0	0.1	0.2	0.3	0.4	0.5	0.6	0.7	0.8	0.9	1
$M_p/\%$	100	72.9	52.7	37.2	25.4	16.3	9.5	4.6	1.5	0.2	0

由式（3.15）和表 3.2 可知，阻尼比 ξ 越大，则最大超调量 M_p 就越小，系统的平稳性就越好。当取 $\xi=0.4\sim0.8$ 时，相应的 $M_p=25.4\%\sim1.5\%$。

4）调整时间 t_s

在欠阻尼状态下，二阶系统的单位阶跃响应是幅值随时间按指数衰减的振荡过程，响应曲线的幅值包络线为 $1\pm\dfrac{e^{-\xi\omega_n}}{\sqrt{1-\xi^2}}$，整个响应曲线总是包容在这一对包络线之内，同时这两条包络线对称于响应特性的稳态值，如图 3-17 所示。响应曲线的调整时间 t_s 可以近似地认为是响应曲线的幅值包络线进入允许误差范围 $\pm\Delta$ 之内的时间，因此有

$$1\pm\frac{e^{-\xi\omega_n}}{\sqrt{1-\xi^2}}=1\pm\Delta$$

也即

$$\frac{e^{-\xi\omega_n t_s}}{\sqrt{1-\xi^2}}=\Delta$$

或写成

$$e^{-\xi\omega_n t_s}=\Delta\sqrt{1-\xi^2}$$

将上式两边取对数，可得

$$t_s=\frac{-\ln\Delta-\ln\sqrt{1-\xi^2}}{\xi\omega_n} \tag{3.16}$$

在欠阻尼状态下，当 $0<\xi<0.7$ 时，$0<-\ln\sqrt{1-\xi^2}<0.34$；而当 $0.02<\Delta<0.05$ 时，$3<-\ln\Delta<4$，因此，$-\ln\sqrt{1-\xi^2}$ 相对于 $-\ln\Delta$ 可以忽略不计，所以有

$$t_s=\frac{-\ln\Delta}{\xi\omega_n} \tag{3.17}$$

当 $\Delta=0.05$ 时，$t_s=\dfrac{3}{\xi\omega_n}$；当 $\Delta=0.02$ 时，$t_s=\dfrac{4}{\xi\omega_n}$。

当 ξ 一定时，ω_n 越大，t_s 就越小，即系统的响应速度就越快。当 ω_n 一定时，以 ξ 为自变量，对 t_s 求极值，可得当 $\xi=0.707$ 时，t_s 取得极小值，即系统的响应速度最快。当 $\xi<0.707$ 时，ξ 越小则 t_s 越大；当 $\xi>0.707$ 时，ξ 越大则 t_s 越大。

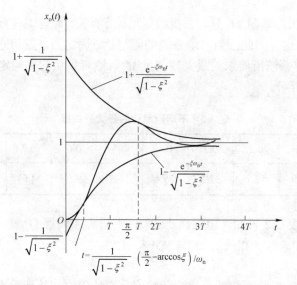

图 3-17 欠阻尼二阶系统单位阶跃响应曲线的幅值包络线

5）振荡次数 N

根据振荡次数 N 的定义，振荡次数 N 可以用调整时间 t_s 除以有阻尼振荡周期 T_d 来近似地求得，即

$$N = \frac{t_s}{T_d} = t_s \cdot \frac{\omega_n \sqrt{1-\xi^2}}{2\pi} \tag{3.18}$$

当 $\Delta = 0.05$ 时，$t_s = \dfrac{3}{\xi\omega_n}$，$N = \dfrac{3\sqrt{1-\xi^2}}{2\xi\pi}$；

当 $\Delta = 0.02$ 时，$t_s = \dfrac{4}{\xi\omega_n}$，$N = \dfrac{2\sqrt{1-\xi^2}}{\xi\pi}$。

由此可见，振荡次数 N 只与系统的阻尼比 ξ 有关，而与固有频率 ω_n 无关，阻尼比 ξ 越大，振荡次数 N 越小，系统的平稳性就越好。所以，振荡次数 N 也直接反映了系统的阻尼特性。

综上所述，二阶系统的特征参量 ξ 和 ω_n 与系统过渡过程的性能有密切的关系。要使二阶系统具有满意的动态性能，必须选取合适的固有频率 ω_n 和阻尼比 ξ。增大阻尼比 ξ，可以减弱系统的振荡性能，即减小最大超调量 M_p 和振荡次数 N，但是增大了上升时间 t_r 和峰值时间 t_p。如果阻尼比 ξ 过小，系统的平稳性又不能符合要求。所以，通常要根据所允许的最大超调量 M_p 来选择阻尼比 ξ。阻尼比 ξ 一般选择在 0.4~0.8 之间，然后再调整固有频率 ω_n 的值以改变瞬态响应时间。当阻尼比 ξ 一定时，固有频率 ω_n 越大，系统响应的快速性越好，即上升时间 t_r、峰值时间 t_p 和调整时间 t_s 越小。

关于系统的准确性和稳定性问题，将在本章稍后论述。

3.4 误差分析与计算

准确性，即系统的精度，是对控制系统的基本要求之一。系统的精度是用系统的误差来度量的。系统的误差可以分为动态误差和稳态误差，动态误差是指误差随时间变化的过程值，而稳态误差是指误差的终值。本节只讨论常用的稳态误差。

3.4.1 稳态误差的基本概念

与误差有关的概念都是建立在反馈控制系统基础之上的,反馈控制系统的一般模型如图 3–18 所示。

1. 偏差信号 $\varepsilon(s)$

控制系统的偏差信号 $\varepsilon(s)$ 被定义为控制系统的输入信号 $X_i(s)$ 与控制信号系统的主反馈信号 $B(s)$ 之差,即

$$\varepsilon(s) = X_i(s) - B(s) = X_o(s) - H(s)B(s) \tag{3.19}$$

式中,$X_o(s)$——控制系统的实际输出信号;$H(s)$ 为主反馈通道的传递函数。

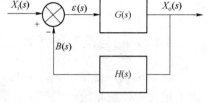

图 3–18 反馈控制系统

2. 误差信号 $E(s)$

控制系统的误差信号 $E(s)$ 被定义为控制系统的希望输出信号 $X_{or}(s)$ 与控制系统的实际输出信号 $X_o(s)$ 之差,即

$$E(s) = X_{or}(s) - X_o(s) \tag{3.20}$$

3. 希望输出信号 $X_{or}(s)$ 的确定

当控制系统的偏差信号 $\varepsilon(s) = 0$ 时,该控制系统无调节控制作用,此时的实际输出信号 $X_o(s)$ 就是希望输出信号 $X_{or}(s)$,即 $X_{or}(s) = X_o(s)$。

当控制系统的偏差信号 $\varepsilon(s) \neq 0$ 时,实际输出信号 $X_o(s)$ 与希望输出信号 $X_{or}(s)$ 不同,因为

$$\varepsilon(s) = X_i(s) - H(s)X_o(s)$$

将 $\varepsilon(s) = 0$,$X_{or}(s) = X_o(s)$ 代入上式,得

$$0 = X_i(s) - H(s)X_o(s)$$

即

$$X_{or}(s) = \frac{X_i(s)}{H(s)} \tag{3.21}$$

式(3.21)说明,控制系统的输入信号 $X_i(s)$ 是希望输出信号 $X_{or}(s)$ 的 $H(s)$ 倍。

对于单位反馈系统,因为 $H(s) = 1$,所以 $X_{or}(s) = X_i(s)$。

4. 偏差信号 $\varepsilon(s)$ 与误差信号 $E(s)$ 的关系

将式(3.21)代入式(3.20),并考虑式(3.19),得

$$E(s) = X_{or}(s) - X_o(s) = \frac{X_i(s)}{H(s)} - X_o(s) = \frac{X_i(s) - H(s)X_o(s)}{H(s)} = \frac{\varepsilon(s)}{H(s)}$$

即

$$E(s) = \frac{\varepsilon(s)}{H(s)} \quad (3.22)$$

这就是偏差信号 $\varepsilon(s)$ 与误差信号 $E(s)$ 之间的关系式。由此式可知，对于一般的控制系统，误差不等于偏差，求出偏差后，由式（3.22）即可求出误差。

对于单位反馈系统，因为 $H(s)=1$，所以 $E(s)=\varepsilon(s)$。

5. 稳态误差 e_{ss}

控制系统的稳态误差 e_{ss} 被定义为控制系统误差信号 $e(t)$ 的稳态分量，即

$$e_{ss} = \lim_{t \to \infty} e(t)$$

根据拉氏变换的终值定理，得

$$e_{ss} = \lim_{t \to \infty} e(t) = \lim_{s \to 0} sE(s) \quad (3.23)$$

3.4.2 稳态误差的计算

控制系统误差信号 $e(t)$ 的拉氏变换 $E(s)$ 与控制系统输入信号 $x_i(t)$ 的拉氏变换 $X_i(s)$ 之比被定义为控制系统的误差传递函数，记作 $\Phi_e(s)$，即

$$\Phi_e(s) = \frac{E(s)}{X_i(s)} \quad (3.24)$$

根据控制系统的误差传递函数 $\Phi_e(s)$ 可以立即求出控制系统的稳态误差，将式（3.24）代入式（3.23），得

$$e_{ss} = \lim_{t \to \infty} e(t) = \lim_{s \to 0} sE(s) = \lim_{s \to 0} s\Phi_e(s) X_i(s) \quad (3.25)$$

对于图 3-18 所示的反馈控制系统，其误差传递函数 $\Phi_e(s)$ 根据式（3.22）的计算如下：

$$\Phi_e(s) = \frac{E(s)}{X_i(s)} = \frac{\varepsilon(s)}{H(s)X_i(s)} = \frac{X_i(s) - H(s)X_o(s)}{H(s)X_i(s)} = \frac{1}{H(s)} - \frac{X_o(s)}{X_i(s)}$$

$$= \frac{1}{H(s)} - \frac{G(s)}{1+G(s)H(s)} = \frac{1}{H(s)} \cdot \frac{1}{1+G(s)H(s)}$$

即

$$\Phi_e(s) = \frac{1}{H(S)} \cdot \frac{1}{G(s)H(s)} \quad (3.26)$$

将式（3.27）代入式（3.26）得该反馈控制系统的稳态误差 e_{ss} 为

$$e_{ss} = \lim_{s \to 0} s\Phi_e(s) X_i(s) = \lim_{s \to 0} s \cdot \frac{1}{H(s)} \cdot \frac{1}{1+G(s)H(s)} \cdot X_i(s) \quad (3.27)$$

由此式可见，控制系统的稳态误差 e_{ss} 取决于系统的结构参数 $G(s)$ 和以及输入信号 $H(s)$ 的性质。

对于单位反馈系统，因为 $H(s)=1$，所以其稳态误差 e_{ss} 为

$$e_{ss} = \lim_{s \to 0} s \cdot \frac{1}{1+G(s)} \cdot X_i(s) \tag{3.28}$$

例3.3 某单位反馈控制系统如图3-19所示,求在单位阶跃输入信号作用下的稳态误差。

解:该单位反馈控制系统的误差传递函数为

$$\Phi(s) = \frac{1}{1+G(s)} = \frac{1}{1+\frac{20}{s}} = \frac{s}{s+20}$$

则在单位阶跃输入信号作用下的稳态误差为

$$e_{ss} = \lim_{s \to 0} s \cdot \frac{1}{1+G(s)} \cdot X_i(s) = \lim_{s \to 0} s \cdot \frac{s}{s+20} \cdot \frac{1}{s} = 0$$

3.4.3 稳态误差系数

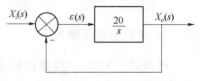

图3-19 例3.3 单位反馈控制系统

前面是运用拉氏变换的终值定理来求稳态误差。下面将引出稳态误差系数的定义,用稳态误差系数来表示稳态误差的大小,并进一步阐明稳态误差与系统结构参数及输入信号类型之间的关系。

1. 稳态误差系数的定义

对于图3-18所示的反馈控制系统,当不同类型的典型信号输入时,其稳态误差不同。因此,可以根据不同的输入信号来定义不同的稳态误差系数,进而用稳态误差系数来表示稳态误差。

1) 单位阶跃输入

根据式(3.27),反馈控制系统在单位阶跃输入信号 $X_i(s) = \frac{1}{s}$ 作用下的稳态误差 e_{ss} 为

$$e_{ss} = \lim_{s \to 0} s \cdot \frac{1}{H(s)} \cdot \frac{1}{1+G(s)H(s)} \cdot \frac{1}{s} = \frac{1}{H(0)} \cdot \frac{1}{1+\lim_{s \to 0} G(s)H(s)}$$

定义 $K_p = \lim_{s \to 0} G(s)H(s) = G(0)H(0)$ 为稳态位置误差系数,于是可用 K_p 来表示反馈控制系统在单位阶跃输入时的稳态误差,即

$$e_{ss} = \frac{1}{H(0)} \cdot \frac{1}{1+K_p} \tag{3.29}$$

对于单位反馈控制系统,有

$$K_p = \lim_{s \to 0} G(s) = G(0), e_{ss} = \frac{1}{1+K_p}$$

2) 单位速度输入

根据式(3.27),反馈控制系统在单位速度输入信号 $X_i(s) = \frac{1}{s^2}$ 作用下的稳态误差 e_{ss} 为

$$e_{ss} = \lim_{s \to 0} s \cdot \frac{1}{H(s)} \cdot \frac{1}{1+G(s)H(s)} \cdot \frac{1}{s^2}$$

$$= \frac{1}{H(0)} \cdot \lim_{s \to 0} \frac{1}{s+sG(s)H(s)} = \frac{1}{H(0)} \cdot \frac{1}{\lim_{s \to 0} sG(s)H(s)}$$

定义 $K_v = \lim\limits_{s \to 0} sG(s)H(s)$ 为稳态速度误差系数，于是可用 K_v 来表示反馈控制系统在单位速度输入时的稳态误差，即

$$e_{ss} = \frac{1}{H(0)} \cdot \frac{1}{K_v} \tag{3.30}$$

对于单位反馈控制系统，有

$$K_v = \lim\limits_{s \to 0} sG(s), \; e_{ss} = \frac{1}{K_v}$$

3）单位加速度输入

根据式（3.27），反馈控制系统在单位加速度输入信号 $X_i(s) = \dfrac{1}{s^3}$ 作用下的稳态误差 e_{ss} 为

$$\begin{aligned} e_{ss} &= \lim\limits_{s \to 0} s \cdot \frac{1}{H(s)} \cdot \frac{1}{1+G(s)H(s)} \cdot \frac{1}{s^3} \\ &= \frac{1}{H(0)} \cdot \lim\limits_{s \to 0} \frac{1}{s^2 + s^2 G(s)H(s)} = \frac{1}{H(0)} \cdot \frac{1}{\lim\limits_{s \to 0} s^2 G(s)H(s)} \end{aligned}$$

定义 $K_a = \lim\limits_{s \to 0} s^2 G(s)H(s)$ 为稳态加速度误差系数，于是可用 K_a 来表示反馈控制系统在单位加速度输入时的稳态误差，

$$e_{ss} = \frac{1}{H(0)} \cdot \frac{1}{K_a} \tag{3.31}$$

对于单位反馈控制系统，有

$$K_a = \lim\limits_{s \to 0} s^2 G(s), \; e_{ss} = \frac{1}{K_a}$$

以上说明了反馈控制系统在三种不同的典型输入信号的作用下，其稳态误差可以分别用稳态误差系数 K_p、K_v 和 K_a 来表示。而这三个稳态误差系数只与反馈控制系统的开环传递函数 $G(s)H(s)$ 有关，而与输入信号无关，即只取决于系统的结构和参数。

2. 系统的类型

如图 3–18 所示，反馈控制系统开环传递函数一般可以写成时间常数乘积的形式，即

$$G(s)H(s) = \frac{K(\tau_1 s+1)(\tau_2 s+1)\cdots(\tau_m s+1)}{S^v(T_1 s+1)(T_2 s+1)\cdots(T_{n-v} s+1)} \tag{3.32}$$

式中，K 为系统的开环增益；τ_1、τ_2、$\cdots$、τ_m 和 T_1、T_2、$\cdots$、T_{n-v} 为时间常数。

式（3.32）的分母中包含 S^v 项，其 v 对应于系统中积分环节的个数。当 s 趋于零时，积分环节 S^v 项在确定控制系统稳态误差方面起主导作用，因此，控制系统可以按其开环传递函数中的积分环节的个数来分类。

当 $v=0$，即没有积分环节时，称系统为 0 型系统，其开环传递函数可以表示为

$$G(s)H(s) = \frac{K_0(\tau_1 s+1)(\tau_2 s+1)\cdots(\tau_m s+1)}{(T_1 s+1)(T_2 s+1)\cdots(T_n s+1)} \tag{3.33}$$

式中，K_0 为 0 型系统的开环增益。

当 $v=1$，即有一个积分环节时，称系统为 Ⅰ 型系统，其开环传递函数可以表示为

$$G(s)H(s) = \frac{K_1(\tau_1 s+1)(\tau_2 s+1)\cdots(\tau_m s+1)}{S(T_1 s+1)(T_2 s+1)\cdots(T_{n-1} s+1)} \tag{3.34}$$

式中，K_1 为 Ⅰ 型系统的开环增益。

当 $v=2$，即有两个积分环节时，称系统为 Ⅱ 型系统，其开环传递函数可以表示为

$$G(s)H(s) = \frac{K_2(\tau_1 s+1)(\tau_2 s+1)\cdots(\tau_m s+1)}{S^2(T_1 s+1)(T_2 s+1)\cdots(T_{n-2} s+1)} \tag{3.35}$$

式中，K_2 为 Ⅱ 型系统的开环增益。

以此类推。

3. 不同类型反馈控制系统的稳态误差系数

1）0 型系统

对于 0 型反馈控制系统，可以计算出上述三种稳态误差系数 K_p、K_v 和 K_a 分别为

$$K_p = \lim_{s \to 0} G(s)H(s) = K_0$$
$$K_v = \lim_{s \to 0} sG(s)H(s) = 0$$
$$K_a = \lim_{s \to 0} s^2 G(s)H(s) = 0$$

2）Ⅰ 型系统

对于 Ⅰ 型反馈控制系统，可以计算出上述三种稳态误差系数 K_p、K_v 和 K_a 分别为

$$K_p = \lim_{s \to 0} G(s)H(s) = \infty$$
$$K_v = \lim_{s \to 0} sG(s)H(s) = K_1$$
$$K_a = \lim_{s \to 0} s^2 G(s)H(s) = 0$$

3）Ⅱ 型系统

对于 Ⅱ 型反馈控制系统，可以计算出上述三种稳态误差系数 K_p、K_v 和 K_a 分别为

$$K_p = \lim_{s \to 0} G(s)H(s) = \infty$$
$$K_v = \lim_{s \to 0} sG(s)H(s) = \infty$$
$$K_a = \lim_{s \to 0} s^2 G(s)H(s) = K_2$$

4. 不同类型反馈控制系统在三种典型输入信号作用下的稳态误差

1）单位阶跃输入

在单位阶跃输入信号的作用下，不同类型反馈控制系统的稳态误差分别为

对于 0 型系统，$K_p = K_0$，则 $e_{ss} = \dfrac{1}{1+K_p} = \dfrac{1}{1+K_0}$；

对于 I 型系统，$K_p = \infty$，则 $e_{ss} = \dfrac{1}{1+K_p} = 0$；

对于 II 型系统，$K_p = \infty$，则 $e_{ss} = \dfrac{1}{1+K_p} = 0$。

以上计算表明，0 型系统能够跟踪单位阶跃输入，但是具有一定的稳态误差 $e_{ss} = \dfrac{1}{1+K_0}$，其中 K_0 是 0 型系统的开环放大倍数，跟踪情况如图 3-20 所示。I 型系统和 II 型系统能够准确地跟踪单位阶跃输入，因为其稳态误差 $e_{ss} = 0$。

2）单位速度输入

在单位速度输入信号的作用下，不同类型反馈控制系统的稳态误差分别为

对于 0 型系统，$K_v = 0$，则 $e_{ss} = \dfrac{1}{K_v} = \infty$；

对于 I 型系统，$K_v = K_1$，则 $e_{ss} = \dfrac{1}{K_v} = \dfrac{1}{K_1}$；

对于 II 型系统，$K_v = \infty$，则 $e_{ss} = \dfrac{1}{K_v} = 0$。

以上计算表明 0 型系统不能跟踪单位速度输入，因为其稳态误差 $e_{ss} = \infty$。I 型系统能够跟踪单位速度输入，但是具有一定的稳态误差 $e_{ss} = \dfrac{1}{K_1}$，其中 K_1 是 I 型系统的开环放大倍数，跟踪情况如图 3-21 所示。II 型系统能够准确地跟踪单位速度输入，因为其稳态误差为 $e_{ss} = 0$。

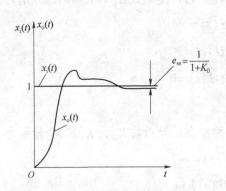

图 3-20　0 型系统的单位阶跃响应

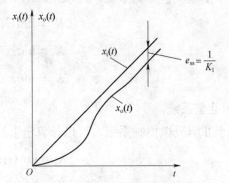

图 3-21　I 型系统的单位速度响应

3）单位加速度输入

在单位加速度输入信号的作用下，不同类型反馈控制系统的稳态误差分别为

对于 0 型系统，$K_a = 0$，则 $e_{ss} = \dfrac{1}{K_a} = \infty$；

对于Ⅰ型系统，$K_a = 0$，则 $e_{ss} = \dfrac{1}{K_a} = \infty$；

对于Ⅱ型系统，$K_a = 0$，则 $e_{ss} = \dfrac{1}{K_a} = \dfrac{1}{K_2}$。

以上计算表明，0型系统和Ⅰ型系统都不能跟踪单位加速度输入，因为其稳态误差 $e_{ss} = \infty$。Ⅱ型系统能够跟踪单位加速度输入，但是具有一定的稳态误差 $e_{ss} = \dfrac{1}{K_2}$，其中是Ⅱ型系统的开环放大倍数，跟踪情况如图3-22所示。

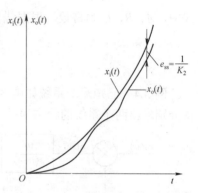

图3-22 Ⅱ型系统的单位加速度响应

表3.3所示为0型、Ⅰ型和Ⅱ型反馈控制系统在不同输入信号作用下的稳态误差。在对角线上，稳态误差为有限值；在对角线以上部分，稳态误差为无穷大；在对角线以下部分，稳态误差为零。由表3.3可得如下结论：

（1）同一个系统，如果输入的控制信号不同，其稳态误差也不同。

（2）同一个控制信号作用于不同的控制系统，其稳态误差也不同。

（3）系统的稳态误差与其开环增益有关，开环增益越大，系统的稳态误差越小；反之，开环增益越小，系统的稳态误差越大。

（4）系统的稳态误差与系统类型和控制信号的关系，可以通过系统类型的 v 值和控制信号拉氏变换后拉氏算子 s 的阶次 L 值来分析。当 $L \leqslant v$ 时，无稳态误差。当 $L > v$ 时，有稳态误差，且当 $L - v = 1$ 时，$e_{ss} =$ 常数；当 $L - v = 2$ 时，$e_{ss} = \infty$。

表3.3 反馈控制系统在不同输入信号作用下的稳态误差

类型	单位阶跃输入	单位速度输入	单位加速度输入
0型	$\dfrac{1}{1+K_0}$	∞	∞
Ⅰ型	0	$\dfrac{1}{K_1}$	∞
Ⅱ型	0	0	$\dfrac{1}{K_2}$

用稳态误差系数 K_p、K_v 和 K_a 表示的稳态误差分别被称为位置误差、速度误差和加速度误差，都表示系统的过渡过程结束后，虽然输出能够跟踪输入，但是却存在着位置误差。速度误差和加速度误差并不是指速度上或加速度上的误差，而是指系统在速度输入或加速度输入时所产生的在位置上的误差。位置误差、速度误差和加速度误差的量纲

是一样的。

在以上的分析中,习惯地称输出量是"位置",输出量的变化率是"速度",但是,对于误差分析所得到的结论同样适用于输出量为其他物理量的系统。例如在温度控制中,上述的"位置"就表示温度,"速度"就表示温度的变化率,等等。因此,对于"位置""速度"等名词应当作广义的理解。

如果系统的输入是阶跃函数、速度函数和加速度函数三种输入的线性组合,即

$$x_i(t) = A + Bt + Ct^2$$

式中,A、B、C 为常数。根据线性叠加原理可以证明,系统的稳态误差为

$$e_{ss} = \frac{A}{1+K_p} + \frac{B}{K_v} + \frac{2C}{K_a}$$

例 3.4 已知两个系统如图 3-23 所示,当系统输入的控制信号为 $x_i(t) = 4 + 6t + 3t^2$ 时,试分别求出两个系统的稳态误差。

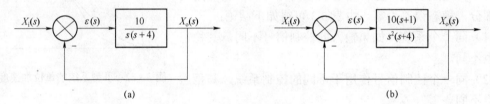

图 3-23 例 3.4 系统框图
(a) 系统 a;(b) 系统 b

解(1)系统 a 的开环传递函数的时间常数表达式(标准形式)为

$$G_a(s) = \frac{2.5}{s(0.25s+1)}$$

系统 a 为 I 型系统,其开环增益为 $K_1 = 2.5$,则有 $K_p = \infty$,$K_v = K_1 = 2.5$,$K_a = 0$,可得系统 a 的稳态误差为

$$e_{ss} = \frac{A}{1+K_p} + \frac{B}{K_v} + \frac{2C}{K_a} = \frac{4}{1+\infty} + \frac{6}{2.5} + \frac{2\times 3}{0} = \infty$$

也就是说,因为 $K_a = 0$,系统 a 的输出不能跟踪输入 $x_i(t) = 4 + 6t + 3t^2$ 中的加速度分量 $3t^2$,稳态误差为无穷大。

(2)系统 b 的开环传递函数的时间常数表达式(标准形式)为

$$G_b(s) = \frac{2.5(s+1)}{S^2(0.25s+1)}$$

系统 b 为 II 型系统,其开环增益为 $K_2 = 2.5$,则有 $K_p = \infty$,$K_v = \infty$,$K_a = K_2 = 2.5$,可得系统 b 的稳态误差为

$$e_{ss} = \frac{A}{1+K_p} + \frac{B}{K_v} + \frac{2C}{K_a} = \frac{4}{1+\infty} + \frac{6}{\infty} + \frac{2\times 3}{2.5} = 2.4$$

3.5 稳定性分析

3.5.1 稳定的概念

稳定性是一个系统能够正常运行的首要条件，对系统进行各类品质指标的分析也必须在系统稳定的前提下进行。如果一个系统不稳定，在实际应用中也就失去了意义。一个控制系统在实际使用中，总会受到外界以及自身一些因素的扰动，例如负载的变化，电源的波动，环境条件的改变如温度、湿度、压力，系统自身参数的变化如电阻、电容、电感的变化等。设某线性定常系统原处于某一平衡状态，若它瞬间受到某一扰动作用而偏离了原来的平衡状态，当此扰动撤销后，系统仍能回到原有的平衡状态，则称该系统是稳定的。反之，系统为不稳定。如在空气中垂直悬挂的小摆，在一阵风的扰动下，破坏其平衡来回摆动，但是随着时间的推移，振荡越来越小，最后又恢复到平衡的位置。如图 3-24 所示，小球的稳定性中，图 3-24（a）中小球一旦偏离平衡点，小球就不可能自动恢复到平衡点；而图 3-24（b）中小球偏离平衡点，总能自动回到平衡点。

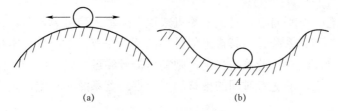

图 3-24 小球的稳定性

3.5.2 系统稳定的充要条件

对于如图 3-25 所示控制系统，有

$$\begin{cases} \dfrac{X_0(s)}{N(s)} = \dfrac{G_2(s)}{1+G_1(s)G_2(s)H(s)} = \dfrac{b_0 s^m + b_1 s^{m-1} + \cdots + b_{m-1} s + b_m}{a_0 s^n + a_1 s^{n-1} + \cdots + a_{n-1} s + a_n} \\ \left(a_0 s^n + a_1 s^{n-1} + \cdots + a_{n-1} s + a_n\right) X_0(s) = \left(b_0 s^m + b_1 s^{m-1} + \cdots + b_{m-1} s + b_m\right) N(s) \end{cases}$$

撤销扰动，即

$$\begin{cases} \left(a_0 s^n + a_1 s^{n-1} + \cdots + a_{n-1} s + a_n\right) X_0(s) = 0 \\ a_0 x_0^{n}(t) + a_1 x_0^{n-1}(t) + \cdots + a_{n-1} \dot{x}_0(t) + a_n x_0(t) = 0 \end{cases}$$

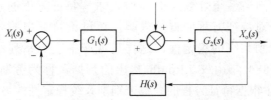

图 3-25 控制系统方框图

按照稳定性定义，如果系统稳定，当时间趋近于无穷大时，该齐次方程的解趋近于零，即

$$\begin{cases} x_o(t) = \sum_{i=1}^{k} D_i e^{\lambda_i t} + \sum_{i=k+1}^{k} e^{\delta_i t}\left(E_j \cos\omega_j t + F_j \sin\omega_j t\right) \\ x_o(t)\big|_{t\to\infty} = 0 \end{cases} \quad (3.36)$$

当 $\lambda_i < 0$，$\delta_i < 0$ 时，式（3.36）成立，以上条件形成系统稳定的充分必要条件之一。可见稳定性是控制系统自身的固有特性，它取决于系统本身的结构和参数，而与输入无关。对于纯线性系统来说，系统的稳定与否并不与初始偏差的大小有关。如果这个系统是稳定的，就叫作大范围稳定的系统。但这种纯线性系统在实际中并不存在。我们所研究的线性系统大多是经过"小偏差"线性化处理后得到的线性系统，因此用线性化方程来研究系统的稳定性时，就只限于讨论初始偏差不超出某一范围时的稳定性，称之为"小偏差"稳定性。由于实际系统在发生等幅振荡时的幅值有时不大，因此，这种"小偏差"稳定性仍有一定的实际意义。控制理论中所讨论的稳定性其实都是指自由振荡下的稳定性，也就是说，是讨论输入为零，系统仅存在初始偏差不为零时的稳定性，即讨论自由振荡是收敛的还是发散的。

设线性系统具有一个平衡点，对该平衡点来说，当输入信号为零时，系统的输出信号亦为零。当干扰信号作用于系统时，其输出信号将偏离工作点，输出信号本身就是控制系统在初始偏差影响下的过渡过程。若系统稳定，则输出信号经过一定的时间就能以足够精确的程度恢复到原平衡工作点，即随着时间的推移趋近于零。若系统不稳定，则输出信号就不可能回到原平衡工作点。

式（3.36）中 λ_i、δ_i 对应闭环系统传递函数特征根的实部，因此对于线性定常系统，若系统所有特征根的实部均为负值，则零输入响应最终将衰减到零，这样的系统就是稳定的。反之，若特征根中有一个或多个根具有正实部时，则零输入响应将随时间的推移而发散，这样的系统就是不稳定的。

因此，可得出控制系统稳定的另一个充分必要条件是：系统特征方程式的根全部具有负实部。系统特征方程式的根就是闭环极点，所以控制系统稳定的充分必要条件也可说成是闭环传递函数的极点全部具有负实部，或说闭环传递函数的极点全部在 s 平面的左半平面。

3.6 稳定性判据

线性定常系统稳定的充要条件是特征方程的根具有负实部。因此，判别其稳定性，要解系统特征方程根。但当系统阶数高于 4 时，求解特征方程遇到较大的困难，计算工作将相当麻烦。为避开对特征方程的直接求解，可讨论特征根的分布，看其是否全部具有负实部，并以此来判别系统的稳定性，这样也就产生了一系列稳定性判据。其中，最主要的一个判据就是 1884 年由 E.J.Routh 提出的判据，称为劳斯（Routh）判据。1895年，A.Hurwitz 又提出了根据特征方程的系数来判别系统稳定性的另一方法，称为赫尔维兹（Hurwitz）判据。

定常线性系统稳定的充要条件是控制系统的特征方程的根具有负实部。因此,判断一个系统是否稳定,可以通过求解该系统的特征方程的根来判别。但是对于高阶系统,求解特征方程是十分困难的。例如:$D(s)=3s^3+s+1=0$,对于高阶方程通常没有代数解法。

在科学研究过程中形成了一系列稳定性判据,其中最重要的一个是劳斯(Routh)稳定判据,本节仅对其介绍。劳斯稳定判据是基于特征方程的根与其系数的关系而建立的。

(1)列写系统的特征方程,设控制系统的特征方程为

$$D(s)=a_0 s^n + a_1 s^{n-1} + \cdots + a_{n-1}s + a_n$$

(2)将各项系数按下面的格式排成劳斯表:

s^n	a_0	a_2	a_4	a_6	⋯
s^{n-1}	a_1	a_3	a_5	a_7	⋯
s^{n-2}	b_1	b_2	b_3	b_4	⋯
s^{n-3}	c_1	c_2	c_3	c_4	⋯
⋮	⋮	⋮	⋮	⋮	
s^2	u_1	u_2			
s^1	v_1				
s^0	w_1				

式中 $b_1=\dfrac{a_1 a_2 - a_0 a_3}{a_1}$, $b_2=\dfrac{a_1 a_4 - a_0 a_5}{a_1}$, $b_3=\dfrac{a_1 a_6 - a_0 a_5}{a_1}$

$c_1=\dfrac{b_1 a_3 - a_1 b_2}{b_1}$, $c_2=\dfrac{b_1 a_5 - a_1 b_3}{b_1}$ 这一过程列中一直计算到 s^0 处,行中一直计算到0为止。

(3)劳斯稳定判据:

观察劳斯阵列表第一列系数的符号,假设劳斯阵列表中第一列系数均为正数,则该系统是稳定的;假设第一列系数有负数,则系统不稳定,并且第一列系数符号的改变次数等于在右半平面上根的个数。

例 3.5 已知某调速系统的特征方程式为

$$D(s)=s^3+41.5s^2+517s+2.3\times10^4=0$$

试用劳斯判据判别系统的稳定性。

解:列劳斯阵列表:

s^3	1	517	0
s^2	41.5	2.3×10^4	0
s^1	−38.5		
s^0	2.3×10^4		

由于该表第一列系数的符号变化了两次,所以该方程中有两个根在复平面的右半平面,因而系统是不稳定的。

例 3.6 已知某调速系统的特征方程式为

$$D(s) = s^3 + 41.58s^2 + 517s + 1670(1+K) = 0$$

试用劳斯判据确定该系统稳定的 K 值范围。

解：列劳斯阵列表：

s^3	1	517
s^2	41.58	$1670\times(1+K)$
s^1	b_1	
s^0	$1670\times(1+K)$	

式中，$b_1 = \dfrac{41.58\times 517 - 1\times 1670(1+K)}{41.58}$。

由劳斯判据可知，若系统稳定，则劳斯表中第一列的系数必须全为正值，可得

$$b_1 = \frac{41.58\times 517 - 1\times 1670(1+K)}{41.58} > 0$$

$$1670\times(1+K) > 0$$

解得：$-1 < K < 11.9$。

例 3.7 已知某调速系统的特征方程式为

$$D(s) = s^3 + 2s^2 + s + 2 = 0$$

试用劳斯判据判别系统的稳定性。

解：列劳斯阵列表：

s^3	1	2
s^2	1	2
s^1	$0 \to (\varepsilon)$	
s^0	2	

上面的符号与其下面系数的符号相同，表示该方程中有一对共轭虚根存在，相应的系统为不稳定。

结论：劳斯表某一行中的第一项等于零，而该行的其余各项不等于零或没有余项。解决的办法是以一个无穷小的正数 ε 来代替为零的这项，据此算出其余的各项，完成劳斯表的排列。

如果劳斯表第一列中系数的符号有变化，其变化的次数就等于该方程在 S 右半平面上根的数目，相应的系统为不稳定。

如果第一列上面的系数与下面的系数符号相同，则表示该方程中有一对共轭虚根存在，相应的系统也属不稳定。

例 3.8 已知某调速系统的特征方程式为

$$D(s) = s^6 + 2s^5 + 8s^4 + 12s^3 + 20s^2 + 16s + 16 = 0$$

试用劳斯判据判别系统的稳定性。

解：列劳斯阵列表：

s^6	1	8	20	16
s^5	2	12	16	
s^4	2	12	16	
s^3	0	0	0	
	8	24		
s^2	6	16		
s^1	$\dfrac{8}{13}$	0		
s^0	16			

第 4 行出现了全部是 0 的情况，这时用代替 0 的方法是解不下去的。解决的方法是用其上一行的系数构造一个辅助多项式

$$A(s) = 2s^4 + 12s^2 + 16$$

然后对这个辅助多项式求导数

$$\frac{dA(s)}{ds} = 8s^3 + 24s$$

将求导之后的多项式系数作为结果写入劳斯表中代替全为零的行，并继续劳斯表的计算，直到劳斯表构造完成。此时，不仅要观察劳斯表第一列的元素是否全部为正，还要观察辅助多项式所构成的特征方程的根。

利用特征方程 $F(s) = 2s^4 + 12s^2 + 16$ 求得两对大小相等、符号相反的根 $\pm j\sqrt{2}$ 和 $\pm j2$，显然这个系统处于临界稳定状态。

习 题

3-1 已知系统的单位脉冲响应为 $x_o(t) = 7 - 5e^{-6t}$，试求系统的传递函数。

3-2 已知系统的传递函数为 $G(s) = \dfrac{13s^2}{(s+5)(s+6)}$，输入为 $x_i(t) = \dfrac{1}{2}t^2$，试求系统的输出。

3-3 已知系统单位反馈系统的开环传递函数为 $G(s) = \dfrac{4}{s(s+5)}$，试求该系统的单位阶跃响应和单位脉冲响应。

3-4 已知系统的单位阶跃响应为 $x_o(t) = 1 + 0.2e^{-60t} - 1.2e^{-10t}$，试求：

（1）系统的闭环传递函数；

（2）系统的阻尼比 ξ 和无阻尼固有频率 ω_n。

3-5 已知单位反馈系统的开环传递函数为 $G(s) = \dfrac{20}{(0.5s+1)(0.04s+1)}$，试分别求出系统在单位阶跃输入、单位速度输入和单位加速度输入时的稳态误差。

3-6 某单位反馈系统如图 3-26 所示，试求在单位阶跃、单位速度和单位加速度输入信号作用下的稳态误差。

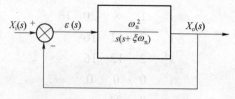

图 3-26 题 3-6 图

3-7 对于具有如下特征方程的反馈系统，试应用劳斯稳定判据判别系统的稳定性：
（1）$s^3 - 15s + 126 = 0$
（2）$s^4 + 8s^3 + 18s^2 + 16s + 5 = 0$
（3）$s^3 + 4s^2 + 5s + 10 = 0$
（4）$s^5 + s^4 + 2s^3 + 2s^2 + 3s + 5 = 0$
（5）$s^3 + 10s^2 + 16s + 160 = 0$

3-8 对于具有如下特征方程的反馈系统，试应用劳斯稳定判据确定使系统稳定的 K 的取值范围：
（1）$s^4 + 22s^3 + 10s^2 + 2s + K = 0$
（2）$s^4 + 20Ks^3 + 5s^2 + (K+10)s + 15 = 0$
（3）$s^3 + (K+0.5)s^2 + 4Ks + 50 = 0$
（4）$s^4 + Ks^3 + s^2 + s + 1 = 0$
（5）$s^3 + 5Ks^2 + (2K+3)s + 10 = 0$

第4章 频域响应分析

频率特性分析法是经典控制理论中研究与分析系统特性的另一种重要方法,简称频域分析法。该方法与时域分析法不同,它不是通过系统的闭环极点和闭环零点来分析系统的时域性能,而是通过系统对正弦函数的稳态响应来分析系统性能的。它将传递函数从复域引到具有明确物理概念的频域来分析系统的特性。利用此方法,不必求解微分方程就可估算出系统的性能,从而可以简单、迅速地判断某些环节或参数对系统性能的影响,并能指明改进系统性能的方向。

4.1 频率特性的概念及其基本实验方法

4.1.1 频率特性的概念

频率响应是线性系统对正弦输入(或者谐波输入)的稳态响应。就是说,给线性系统输入某一频率的正弦波,经过长的时间后,系统的输出响应仍是同频率的正弦波,而且输出与输入的正弦幅值之比以及输出与输入的相位之差,对一定的系统来说是完全确定的。然而,仅仅在某个特定频率时幅值比和相位差是不能完整说明系统的特性的。当不断改变输入的正弦波频率(由零变化到无穷大)时,该幅值比和相位差的变化情况即称为系统的频率特性。图 4-1 所示为线性定常系统的频率响应。

图 4-1 线性定常系统的频率响应

图 4-1 所示的线性定常系统,其传递函数环模型为

$$G(s) = \frac{X_o(s)}{X_i(s)} = \frac{b_0 s^m + b_1 s^{m-1} + \cdots + b_m}{a_0 s^n + a_1 s^{n-1} + \cdots + a_n} \tag{4.1}$$

当系统输入为 $r(t) = \sin(\omega t)$ 时,其拉普拉斯变换为

$$X_i(s) = \frac{\omega}{s^2 + \omega^2}$$

由以上两式可得

$$X_o(s) = G(s)X_i(s) = \frac{b_0 s^m + b_1 s^{m-1} + \cdots + b_m}{a_0 s^n + a_1 s^{n-1} + \cdots + a_n} \cdot \frac{\omega}{s^2 + \omega^2} \tag{4.2}$$

对于上式求输出的拉普拉斯变换,根据系统是否含有重极点,分两种情况讨论。

（1）设系统有 n 个互不相同的极点 s_i $(i=1,2,\cdots,n)$，则输出的拉式变换为

$$X_o(s) = \frac{C_1}{s-s_1} + \frac{C_2}{s-s_2} + \cdots + \frac{C_n}{s-s_n} + \frac{B}{s+\mathrm{j}\omega} + \frac{D}{s-\mathrm{j}\omega}$$

$$= \sum_{i=1}^{n} \frac{C_i}{s-s_i} + \left(\frac{B}{s+\mathrm{j}\omega} + \frac{D}{s-\mathrm{j}\omega}\right) \tag{4.3}$$

式中，s_i 为系统传递函数的极点；C_i、B、D 为待定系数。对上式进行拉式反变换，得输出响应为

$$x_o(t) = \sum_{i=1}^{n} C_i \mathrm{e}^{S_i t} + B\mathrm{e}^{-\mathrm{j}\omega t} + D\mathrm{e}^{\mathrm{j}\omega t} \quad (t \geqslant 0) \tag{4.4}$$

对稳定系统而言，极点即特征根 s_i 具有负实部，则式（4.4）中的瞬态分量当 $t \to \infty$ 时，将衰减为零，系统的稳态响应为

$$x_o(t) = B\mathrm{e}^{-\mathrm{j}\omega t} + D\mathrm{e}^{\mathrm{j}\omega t} \quad (t \geqslant 0) \tag{4.5}$$

（2）设系统有 K 重极点 s_j，则 $c(t)$ 将含有 $t^k \mathrm{e}^{S_j t}(k=1,2,\cdots,k-1)$ 这样一些项。对于稳定系统，由于 s_j 的实部为负，t^k 的增长没有 $\mathrm{e}^{S_j t}$ 衰减得快，所以 $t^k \mathrm{e}^{S_j t}$ 的各项随着 $t \to \infty$ 也都趋于零。因此，对于稳定的系统，不管系统是否有重极点，其稳态响应都如式（4.5）所示。这正是我们要求解的部分，其中系数 B 和 D 可由式（4.3）用待定系数法确定。

$$B = -\frac{1}{2\mathrm{j}} |G(\mathrm{j}\omega)| \mathrm{e}^{-\mathrm{j}\angle G(\mathrm{j}\omega)} \tag{4.6}$$

同理可得

$$D = \frac{1}{2\mathrm{j}} |G(\mathrm{j}\omega)| \mathrm{e}^{\mathrm{j}\angle G(\mathrm{j}\omega)} \tag{4.7}$$

将 B 和 D 代入式（4.5），得

$$x_o(t) = A(\omega) \sin[\omega t + \varphi(\omega)] \tag{4.8}$$

式中

$$A(\omega) = |G(\mathrm{j}\omega)| \tag{4.9}$$

$$\varphi(\omega) = \angle G(\mathrm{j}\omega) \tag{4.10}$$

可以看出，系统的稳态输出与输入是同频率的正弦函数，输出振幅与相位角虽与输入不同，但都与下式有关

$$G(\mathrm{j}\omega) = |G(\mathrm{j}\omega)| \mathrm{e}^{\angle G(\mathrm{j}\omega)} = A(\omega) \mathrm{e}^{\mathrm{j}\varphi(\omega)} \tag{4.11}$$

定义 $G(\mathrm{j}\omega)$ 为该系统的频率特性，它是将传递函数 $G(s)$ 中的 s 用 $\mathrm{j}\omega$ 取代后的结果，是 ω 的复变函数。显然，频率特性的量纲就是传递函数的量纲，也是输出信号与输入信号的量纲之比。

频率特性还可仿照复数的三角表示法和指数表示法，如图 4-2 所示，表示成：

$$U(\omega) = A(\omega)\cos\varphi(\omega)$$
$$V(\omega) = A(\omega)\sin\varphi(\omega)$$
$$G(\mathrm{j}\omega) = U(\omega) + \mathrm{j}V(\omega) = A(\omega)[\cos\varphi(\omega) + \mathrm{j}\sin\varphi(\omega)] = A(\omega)\mathrm{e}^{\mathrm{j}\varphi(\omega)}$$

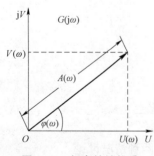

图 4-2 频率特性关系

下面给出一些常用的描述频率特性的定义。

(1) 幅频特性。

频率特性的幅值是正弦稳态输出与输入的幅值比,是角频率 ω 的函数,称幅频特性,记为 $A(\omega)$。它描述了系统对于不同频率的谐波输入信号,其幅值的衰减或增大的特性。

(2) 相频特性 $\varphi(\omega)$。

稳态输出信号与输入信号的相位差,也是角频率 ω 的函数,称相频特性(phase-frequency characteristic),记为 $\varphi(\omega)$。它描述了系统的稳态输出对不同频率的谐波输入信号在相位上产生滞后 [$\varphi(\omega)<0$] 或超前 [$\varphi(\omega)>0$] 的特性。规定 $\varphi(\omega)$ 按逆时针方向旋转为正值,按顺时针方向旋转为负值。对于实际的物理系统,相位一般是滞后的,即 $\varphi(\omega)$ 一般是负值。显然,$\varphi(\omega)=\angle G(\mathrm{j}\omega)$。幅频特性与相频特性统称为系统的频率特性。

(3) 实频特性。

频率特性的实部 $U(\omega)$,称为实频特性。

(4) 虚频特性。

频率特性的虚部 $V(\omega)$,称为虚频特性。

通过对频率特性的分析,这里还要说明几点:

(1) 时间响应分析主要用于分析线性系统过渡过程,以获得系统的动态特性;而频率特性分析则通过分析不同的谐波输入时系统的稳态响应,以获得系统的动态特性。

(2) 频率特性对开环系统、闭环系统以及控制装置均适用。

(3) 从频率特性与传递函数的关系可以看出,两者都只适用于线性定常系统。

(4) 前面推导频率特性是在假设系统稳定的条件下进行的,在理论上可以将频率特性的概念推广到不稳定系统。系统不稳定时,瞬态分量不可能消失,瞬态分量和稳态分量始终存在,所以不稳定系统的频率特性是观察不到的。

(5) 频率特性有明显的物理意义,可以通过实验方法测出系统和元部件的频率特性,为列写系统或元部件的动态方程提供了具有实际意义的工程方法。

(6) 频率特性包含了系统和元部件全部的结构特性和参数,它同微分方程、传递函数一样,是描述系统动态特性的数学模型。频率响应法运用稳态的频率特性间接地研究系统的特性,避免了直接求解微分方程的困难。

(7) 若系统在输入信号的同时,在某些频带中有着严重的噪声干扰,则对系统采用频率特性分析法可设计出合适的通频带,以抑制噪声的影响。

例 4.1 如图 4-3 所示,其传递函数为 $G(s)=\dfrac{K}{Ts+1}$,$H(s)=1$,求系统的频率特性及系统对正弦输入 $r(t)=A\sin\omega t$ 的稳态响应。

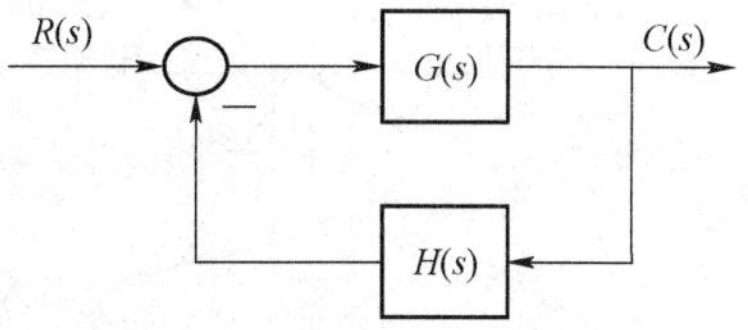

解:系统的闭环传递函数为

$$\Phi(s)=\frac{K}{Ts+K+1}$$

令 $s=\mathrm{j}\omega$,系统的频率特性为

$$\Phi(\mathrm{j}\omega)=\frac{K}{\mathrm{j}\omega T+K+1}$$

图 4-3 系统方框图

频率特性的幅值为

$$A(\omega) = |\Phi(j\omega)| = \frac{K}{\sqrt{(K+1)^2 + \omega^2 T^2}}$$

频率特性的相位为

$$\varphi(\omega) = \angle\Phi(j\omega) = -\arctan\frac{\omega T}{K+1}$$

系统的稳态输出响应为

$$x_o(t) = \frac{AK}{\sqrt{(K+1)^2 + \omega^2 T^2}}\sin\left(\omega t - \arctan\frac{\omega T}{K+1}\right) \quad (t \geqslant 0)$$

4.1.2 频率特性的实验求取

以实验方法求取系统频率特性的原理如图 4-4 所示。在系统的输入端加入一定幅值的正弦信号，稳定后系统的输出也是正弦信号，记录不同的频率的输入、输出的幅值和相位，即可求得系统的频率特性。

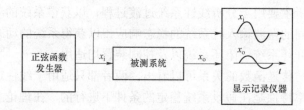

图 4-4 频率特性的实验求取

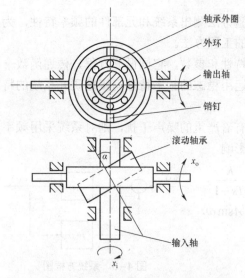

图 4-5 机械的低频角位移正弦函数发生装置

由上述可知，首先需要有可以产生正弦信号的装置。对于电的系统，可以直接使用正弦波信号发生器；对于非电的正弦波信号通过一定的装置转换成相应的非电量，也可采用直接产生非电正弦信号的装置。

图 4-5 所示为机械的低频角位移正弦函数发生装置。输入轴可以输入不同的转速，轴上装有夹角 α 可调整的滚动轴承，轴承外圈通过销钉与外环连接，销钉在外环上可以自由转动，但在轴承外圈上则是固定的，外环与输出轴连接。当滚珠轴承与输入轴的夹角满足 $0 < \alpha < 45°$ 时，如果输入轴做等速转动，在输出轴上即可得到角正弦运动，其频率对应于输入轴的转速，其振幅与 α 角成正比，当 $\alpha = 45°$ 时输出振幅最大。

对于输入正弦信号和输出正弦信号的显示和记录，最简单的方法是将输入、输出都转换成电量，用示波器或记录仪显示和记录。除了上述最简单的方法外，还发展了一些测试系统频率特性的专用仪器。例如，如图 4-6 所示的增益-相位计，对于各个频率的输入，都可以直接读出输出、输入的振幅比以及相位差。

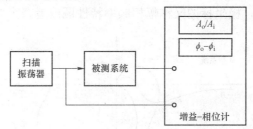

图 4-6 增益-相位计

较为先进的是传递函数分析仪,如图 4-7 所示。它可以直接获取频率响应的对数坐标图。更先进的方法是用计算机进行综合采集和分析,可将所有感兴趣的量及曲线都打印出来。

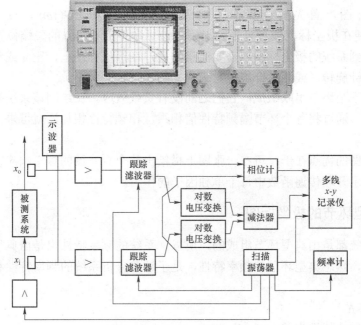

图 4-7 传递函数分析仪

4.2 极坐标图

由前面所述可知,已知系统的传递函数,即可求出系统的频率特性。但是,为了在较宽的频率范围内直观的表示系统的频率响应,用图形表示方法比较方便。在实际应用系统中,常常把频率特性画成极坐标图(Nyquist 图)或对数坐标图(Bode 图),根据这些图形曲线对系统进行分析和设计。下面我们介绍极坐标图的概念及其绘制方法。

4.2.1 极坐标图

频率特性 $G(j\omega)$ 的极坐标图(polar plot)是当 ω 从零变化到无穷大时,表示在极坐标上

的 $G(j\omega)$ 的幅值与相角的关系图，如图 4-8 所示。因此，极坐标图是当 ω 从零变化到无穷大时矢量 $G(j\omega)$ 的矢量轨迹，极坐标图又称幅相频率特性图或者奈奎斯特图（Nyquist 图）。

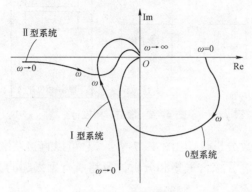

图 4-8 极坐标图

绘制极坐标图，首先要计算不同频率下的 $|G(j\omega)|$ 和 $\angle G(j\omega)$，或者 $\text{Re}[G(j\omega)]$ 和 $\text{Im}[G(j\omega)]$，以便在极坐标上或者复平面上确定该频率下的 $G(j\omega)$ 的矢端位置。然后将各矢端连接起来就得到系统的极坐标图。需要注意的是，在极坐标图上，正（或负）相角是从正实轴开始以逆时针旋转（或顺时针旋转）来定义的。

若系统由若干个环节串联组成，它们之间没有负载效应，在绘制该系统的极坐标图时，对于每一个频率，通过将各个环节幅频特性值相乘，相频特性相加，就可求得系统在该频率下的幅值和相角。

采用极坐标图的优点在于：可在一张图上描绘出整个频率域的频率响应特性。不足之处是不能明显地表示开环传递函数中每个单独因子的作用。

4.2.2 典型环节的极坐标图

由于一般系统都是由典型环节组成的，所以，系统的频率特性也是由典型环节的频率特性组成的。因此，熟悉典型环节的频率特性，是了解和分析系统的频率特性和分析系统的动态特性的基础。

1. 比例环节 K

比例环节的频率特性为 $G(j\omega) = K$；

幅频特性 $|G(j\omega)| = K$；

相频特性 $\angle G(j\omega) = 0°$。

由此可知，比例环节的幅频特性和相频特性与频率无关。其极坐标图为实轴上距离原点为 K 的一个点，如图 4-9 所示。

2. 积分环节

积分环节的频率特性为

$$G(j\omega) = \frac{1}{j\omega} \tag{4.12}$$

幅频特性 $|G(j\omega)| = \dfrac{1}{\omega}$；

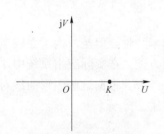

图 4-9 比例环节的极坐标图

相频特性 $\angle G(j\omega) = -90°$。

因为 $\angle G(j\omega) = -90°$（常数），而当频率由零趋于无穷大时，$|G(j\omega)|$ 则由无穷大趋于零，所以积分环节的极坐标图是负虚轴，且由无穷远处趋于原点，如图 4-10 所示。积分环节具有恒定的相位滞后。

3. 微分环节

微分环节的频率特性为

$$G(j\omega) = j\omega \tag{4.13}$$

幅频特性 $|G(j\omega)| = \omega$；
相频特性 $\angle G(j\omega) = 90°$。

显然，微分环节的极坐标图是正虚轴，且由原点指向无穷远处，如图 4-11 所示。微分环节具有恒定的相位超前。

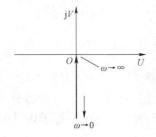

图 4-10 积分环节的极坐标图

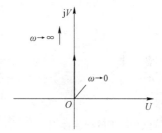

图 4-11 微分环节的极坐标图

4. 惯性环节

惯性环节的频率特性为

$$G(j\omega) = \frac{1}{j\omega T + 1} \tag{4.14}$$

幅频特性 $|G(j\omega)| = \dfrac{1}{\sqrt{T^2\omega^2 + 1}}$；

相频特性 $\angle G(j\omega) = \arctan(-T\omega) = -\arctan T\omega$。

当 $\omega = 0$ 时，$|G(j\omega)| = 1$，$\angle G(j\omega) = 0°$；

当 $\omega = \dfrac{1}{T}$ 时，$|G(j\omega)| = \dfrac{1}{\sqrt{2}}$，$\angle G(j\omega) = -45°$；

当 $\omega \to \infty$ 时，$|G(j\omega)| \to 0$，$\angle G(j\omega) \to -90°$。

可见，当频率由零趋于无穷大时，惯性环节的极坐标图均处于复平面上的第四象限内。由图 4-12 可知，惯性环节的极坐标图是一个圆心为（0.5，j0），半径为 0.5 的半圆。

惯性环节频率特性幅值随着频率的增大而减小，因此具有低通滤波的性能。它存在相位滞后，且滞后相角随频率的增大而增大，最大滞后相角为 90°。

5. 一阶微分环节

一阶微分环节的频率特性为

$$G(j\omega) = j\omega\tau + 1 \tag{4.15}$$

幅频特性
$$|G(j\omega)| = \sqrt{\omega^2\tau^2 + 1}$$

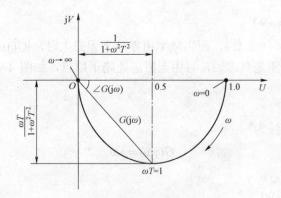

图 4-12 惯性环节的极坐标图

相频特性 $\angle G(j\omega) = \arctan \omega\tau$

当 $\omega = 0$ 时，$|G(j\omega)| = 1$，$\angle G(j\omega) = 0°$；

当 $\omega = \dfrac{1}{\tau}$ 时，$|G(j\omega)| = \sqrt{2}$，$\angle G(j\omega) = -45°$；

当 $\omega \to \infty$ 时，$|G(j\omega)| \to \infty$，$\angle G(j\omega) \to -90°$。

可见，当频率从零趋于无穷大时，一阶微分环节的极坐标图处于第一象限内，为过点 $(1, j0)$，平行于虚轴的上半部的直线，如图 4-13 所示。

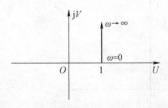

图 4-13 一阶微分环节的极坐标图

6. 振荡环节

振荡环节的频率特性为

$$G(j\omega) = \dfrac{1}{\left(j\dfrac{\omega}{\omega_n}\right)^2 + j2\xi\dfrac{\omega}{\omega_n} + 1} \tag{4.16}$$

幅频特性

$$|G(j\omega)| = \dfrac{1}{\sqrt{\left(1 - \dfrac{\omega^2}{\omega_n^2}\right)^2 + \left(2\xi\dfrac{\omega}{\omega_n}\right)^2}}$$

相频特性

$$\angle G(j\omega) = \begin{cases} -\arctan \dfrac{2\xi\dfrac{\omega}{\omega_n}}{1 - \dfrac{\omega^2}{\omega_n^2}} & 0 \leqslant \omega \leqslant \omega_n \\ -\pi - \arctan \dfrac{2\xi\dfrac{\omega}{\omega_2}}{1 - \dfrac{\omega^2}{\omega_n^2}} & \omega > \omega_n \end{cases}$$

当 $\omega = 0$ 时，$|G(j\omega)| = 1$，$\angle G(j\omega) = 0°$；

当 $\omega = \omega_n$ 时，$|G(j\omega)| = \dfrac{1}{2\xi}$，$\angle G(j\omega) = -90°$；

当 $\omega \to \infty$ 时，$|G(j\omega)| \to 0$，$\angle G(j\omega) \to -180°$。

可见，当频率从零趋于无穷大时，振荡环节的极坐标图处于下半平面上，而且与阻尼比 ξ 有关。不同阻尼比 ξ 时的极坐标图如图 4-14 所示。

对于欠阻尼情况 $\xi < 1$，$|G(j\omega)|$ 会出现峰值。此峰值叫谐振峰值，用 M_r 表示，出现谐振峰值的频率用 ω_r 表示。对于过阻尼情况 $\xi > 1$，$G(j\omega)$ 有两个相异的实数极点，其中一个极点远离虚轴。显然，远离虚轴的这个极点对瞬态性能的影响很小，而起主导作用的是靠近原点的实极点，它的极坐标图近似于一个半圆，此时系统已经接近为一个惯性环节。

因为当 $\omega = \omega_r$ 时，$|G(j\omega)| = M_r$，有

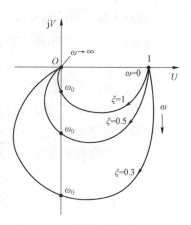

图 4-14 振荡环节的极坐标图

$$\frac{d|G(j\omega)|}{d\omega} = 0$$

所以求得谐振频率为

$$\omega_r = \omega_n \sqrt{1 - 2\xi^2} \tag{4.17}$$

故谐振峰值为

$$M_r = \frac{1}{2\xi\sqrt{1-\xi^2}} \tag{4.18}$$

由谐振频率 ω_r 的计算表明，只有当 $1 - 2\xi^2 > 0$，即 $0 < \xi < 0.707$ 时，$|G(j\omega)|$ 才会出现谐振峰值。还可以看到，对于实际系统，谐振频率 ω_r 不等于它的无阻尼固有频率 ω_n，而是比 ω_n 小。谐振峰值 M_r 随阻尼比 ξ 的减小而增大。当 ξ 趋于零时，M_r 值便趋于无穷大，此时 $\omega_r = \omega_n$。也就是说，在这种情况下，当输入正弦函数的频率等于无阻尼固有频率时，环节将引起共振。

7. 二阶微分环节

二阶微分环节的频率特性为

$$G(j\omega) = \left(j\frac{\omega}{\omega_n}\right)^2 + j2\xi\frac{\omega}{\omega_n} + 1 \tag{4.19}$$

幅频特性

$$|G(j\omega)| = \sqrt{\left(1 - \frac{\omega^2}{\omega_n^2}\right)^2 + \left(2\xi\frac{\omega}{\omega_n}\right)^2}$$

相频特性

$$\angle G(j\omega) = \begin{cases} \arctan\dfrac{2\xi\dfrac{\omega}{\omega_n}}{1 - \dfrac{\omega^2}{\omega_n^2}} & 0 \leqslant \omega \leqslant \omega_n \\ \pi + \arctan\dfrac{2\xi\dfrac{\omega}{\omega_n}}{1 - \dfrac{\omega^2}{\omega_n^2}} & \omega > \omega_n \end{cases}$$

当 $\omega=0$ 时，$|G(j\omega)|=1$，$\angle G(j\omega)=0°$；

当 $\omega=\omega_n$ 时，$|G(j\omega)|=2\xi$，$\angle G(j\omega)=90°$；

当 $\omega\to\infty$ 时，$|G(j\omega)|\to\infty$，$\angle G(j\omega)\to 180°$。

可见，当频率从零变化到无穷大时，二阶微分环节的极坐标图处于复平面的上半平面，极坐标图在 $\omega=0$ 时，从点 $(1,j0)$ 开始，在 $\omega\to\infty$ 时指向无穷远处，如图 4-15 所示。

8. 延迟环节

延迟环节的频率特性为

$$G(j\omega)=e^{-j\omega\tau}=\cos\omega\tau-j\sin\omega\tau \quad (4.20)$$

幅频特性　　　　　　　　　$|G(j\omega)|=1$

相频特性　　　　　　　$\angle G(j\omega)=\arctan\dfrac{-\sin\omega\tau}{\cos\omega\tau}=-\omega\tau$

由于延迟环节的幅值恒为 1，而其相角随 ω 顺时针的变化成比例变化，因而它的极坐标图是以原点为圆心的单位圆，如图 4-16 所示。

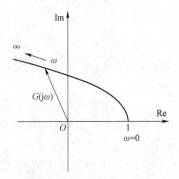
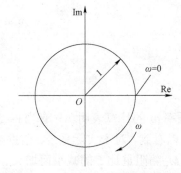

图 4-15　二阶微分环节的极坐标图　　　图 4-16　延迟环节的极坐标图

4.2.3　系统极坐标图的一般画法

如果要准确绘制 ω 从零开始到无穷大的整个频率范围内的系统的极坐标图，可以按照逐点描图法，绘出系统的极坐标图。不过通常我们并不需要精确知道 ω 从零开始到无穷大整个频率范围内系统每一点的幅值和相角，而只需要精确知道极坐标图与负实轴的交点以及 $|G(j\omega)|=1$ 时的点，其余部分只需知道它的一般形式即可。绘制这种概略的极坐标图，只要根据极坐标图的特点，便可方便的绘出。

系统的开环频率特性曲线具有以下规律：

1. 起始段（$\omega=0$）

（1）对于 0 型系统，由于 $|G(j\omega)|=K$，$\angle G(j\omega)=0°$，则极坐标图的起点是位于实轴上的有限值。

（2）对于 I 型系统，由于 $|G(j\omega)|\to\infty$，$\angle G(j\omega)=-90°$，在低频时，极坐标图是一条渐近线，它趋近于一条平行于负虚轴的直线。

（3）对于 II 型系统，由于 $|G(j\omega)|\to\infty$，$\angle G(j\omega)=-180°$，在低频时，极坐标图是一条渐近线，它趋近于一条平行于负实轴的直线。

0型、Ⅰ型、Ⅱ型系统极坐标图低频部分的一般形状如图4-17（a）所示。

2. 终止段（$\omega=\infty$）

对于0型、Ⅰ型、Ⅱ型系统，$|G(j\omega)|=0$，$\angle G(j\omega)=-(n-m)\times 90°$（$n$为基点数，$m$为零点数）。因此对于任何$n>m$的系统，$\omega\to\infty$时的极坐标图的幅值必趋于零，而相角趋于$-(n-m)\times 90°$。

0型系统、Ⅰ型系统、Ⅱ型系统极坐标图高频部分的一般形状如图4-17（b）所示。

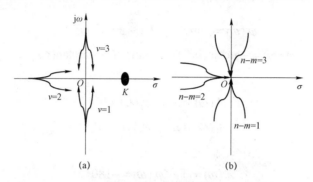

图4-17 极坐标图
（a）低频时；（b）高频时

3. 与坐标轴的交点

令$\text{Im}[G(j\omega)]=0$，可以求得极坐标图与实轴的交点。同理，令$\text{Re}[G(j\omega)]=0$，可以求得极坐标图与虚轴的交点。

4. $G(j\omega)$包含一阶微分环节

若相位非单调下降，则极坐标图将发生"弯曲"现象。

按照上式特点，便可方便的画出系统的极坐标图。由此我们可以归纳出极坐标图的一般步骤：

（1）写出$|G(j\omega)|$和$\angle G(j\omega)$表达式；

（2）分别求出$\omega=0$和$\omega\to\infty$时的$G(j\omega)$；

（3）求极坐标图与实轴的交点，交点可利用$\text{Im}[G(j\omega)]=0$的关系式求出；

（4）求极坐标图与虚轴的交点，交点可利用$\text{Re}[G(j\omega)]=0$的关系式求出；

（5）判断极坐标图的变化象限、单调性，勾画出大致曲线。

例4.2 画出下列两个0型系统的极坐标图，式中K,T_1,T_2,T_3均大于0。

$$G_1(s)=\frac{K}{(T_1s+1)(T_2s+1)}$$

$$G_2(s)=\frac{K}{(T_1s+1)(T_2s+1)(T_3s+1)}$$

解： 系统的频率特性分别为

$$G_1(j\omega)=\frac{K}{(1+j\omega T_1)(1+j\omega T_2)}$$

$$G_2(j\omega)=\frac{K}{(1+j\omega T_1)(1+j\omega T_2)(1+j\omega T_3)}$$

幅频特性

$$A_1(\omega) = \frac{K}{\sqrt{1+\omega^2 T_1^2} \cdot \sqrt{1+\omega^2 T_2^2}}$$

$$A_2(\omega) = \frac{K}{\sqrt{1+\omega^2 T_1^2} \cdot \sqrt{1+\omega^2 T_2^2} \cdot \sqrt{1+\omega^2 T_3^2}}$$

相频特性

$$\varphi_1(\omega) = -\arctan(\omega T_1) - \arctan(\omega T_2)$$

$$\varphi_2(\omega) = -\arctan(\omega T_1) - \arctan(\omega T_2) - \arctan(\omega T_3)$$

当 $\omega = 0$ 时

$$A_1(\omega) = K, \quad \varphi_1(\omega) = 0°$$
$$A_2(\omega) = K, \quad \varphi_2(\omega) = 0°$$

当 $\omega \to \infty$ 时

$$A_1(\omega) = 0, \quad \varphi_1(\omega) = -180°$$
$$A_2(\omega) = 0, \quad \varphi_2(\omega) = -270°$$

以上分析说明 0 型系统 $G_1(j\omega)$、$G_2(j\omega)$ 的极坐标图的起始点位于正实轴上的一个有限点 $(K, j0)$。而当 $\omega \to \infty$ 时分别以 $-180°$ 和 $-270°$ 趋于坐标原点，它们的极坐标图如图 4-18 所示。

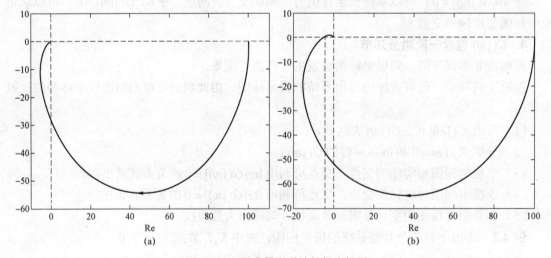

图 4-18 两个零型系统的极坐标图

(a) 以 $-180°$ 趋于坐标原点；(b) 以 $-270°$ 趋于坐标原点

例 4.3 画出 I 型系统的极坐标图，式中 K，T 均大于 0。

$$G(s) = \frac{K}{s(Ts+1)}$$

解：系统的频率特性为

$$G(j\omega) = \frac{K}{j\omega(1+j\omega T)}$$

幅频特性

$$A(\omega) = \frac{K}{\omega\sqrt{1+\omega^2 T^2}}$$

相频特性

$$\varphi(\omega) = -90° - \arctan \omega T$$

当 $\omega = 0$ 时

$$A(\omega) \to \infty, \quad \varphi(\omega) = -90°$$

当 $\omega \to \infty$ 时

$$A(\omega) = 0, \quad \varphi(\omega) = -180°$$

上述分析表明当 $\omega = 0$ 时，系统的极坐标图起点在无穷远处，所以下面求出系统起始于无穷远点时的渐近线。

令 $\omega \to 0$ 时，对 $G(j\omega)$ 的实部和虚部分别取极限得

$$\lim_{\omega \to 0} \text{Re}[G(j\omega)] = \lim_{\omega \to 0} \frac{-KT}{1+T^2\omega^2} = -KT$$

$$\lim_{\omega \to 0} \text{Im}[G(j\omega)] = \lim_{\omega \to 0} \frac{-K}{1+T^2\omega^2} = -\infty$$

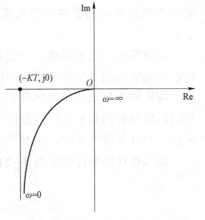

图 4-19 例 4.3 系统的极坐标图

上式表明，$G(j\omega)$ 的极坐标图在 $\omega \to 0$ 时，即图形的起始点，位于相角为 $-90°$ 的无穷远处，且趋于一条渐近线，该渐近线为过点 $(-KT, j0)$ 且平行于虚轴的直线；当 $\omega \to \infty$ 时，幅值趋于 0，相角趋于 $-180°$，如图 4-19 所示。

例 4.4 已知系统的开环传递函数如下式，试绘制该系统的极坐标图。

$$G(s) = \frac{K}{s^2(T_1 s + 1)(T_2 s + 1)}$$

解：系统的频率特性为

$$G(j\omega) = \frac{K}{-\omega^2(1+j\omega T_1)(1+j\omega T_2)}$$

幅频特性

$$A(\omega) = \frac{K}{\omega^2\sqrt{1+\omega^2 T_1^2}\sqrt{1+\omega^2 T_2^2}}$$

相频特性

$$\varphi(\omega) = -180° - \arctan \omega T_1 - \arctan \omega T_2$$

当 $\omega = 0$ 时

$$A(\omega) \to \infty, \quad \varphi(\omega) = -180°$$

当 $\omega \to \infty$ 时

$$A(\omega) = 0, \quad \varphi(\omega) = -360°$$

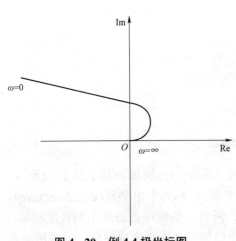

图 4-20 例 4.4 极坐标图

上述分析表明当 $\omega = 0$ 时，系统的极坐标图起点在无穷远处，当 $\omega \to \infty$ 时，幅值趋于 0，相角趋于 $-360°$，如图 4-20 所示。

4.3 对数幅相频特性图

4.3.1 对数坐标图

频率特性的对数坐标图,即伯德图(Bode 图)或对数频率特性图。从图形上容易看出某些参数的变化和某些环节对系统性能的影响,所以它在频率特性法中成为应用最广的图示法。

伯德图由两张图组成,一张是对数幅频特性图,一张是对数相频特性图,分别表示频率特性的幅值和相位与角频率之间的关系。两张图的横坐标都是角频率 ω(rad/s),采用对数分度,即横轴上标识的是角频率 ω,但它实际上是按 $\lg\omega$ 来均匀分度的。采用对数分数的优点是可以将很宽的频率范围清楚的画在一张图上,从而能同时清晰地表示出频率特性在低频段、中频段和高频段的情况,这对于分析和设计控制系统是非常重要的。

幅频特性的坐标图如图 4-21 所示。

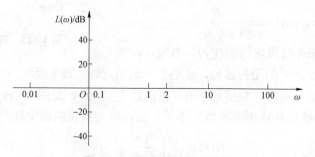

图 4-21 幅频特性的坐标图

相频特性的坐标图如图 4-22 所示。

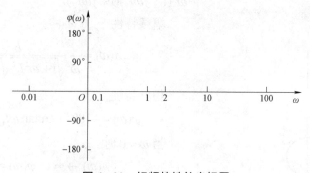

图 4-22 相频特性的坐标图

在 ω 轴上,对应于频率每变化一倍,称为一倍频程(octave),例如 ω 从 1 到 2, 2 到 4, 10 到 20 等,其长度都相等。对应于频率每增大十倍的频率范围,称为十倍频程(decade octave),单位为 dec,例如 ω 从 1 到 10, 2 到 20, 10 到 100 等,所有十倍频程在 ω 轴上的长度相等。由于 $\lg 0 = -\infty$,所以横轴上画不出频率为 0 的点。至于横轴的起始频率取何值,应视所要表示的实际频率范围而定。

对数幅频特性图的纵坐标表示 $20\lg|G(j\omega)|$，记作 $L(\omega)$，单位为分贝（dB），采用线性分度。纵轴上 0 dB 表示 $|G(j\omega)|=1$，纵轴上没有 $|G(j\omega)|=0$ 的点。对数幅频特性就是以 $20\lg|G(j\omega)|$ 为纵坐标、以 $\lg\omega$ 为横坐标所绘制的曲线。对数相频特性图纵坐标是 $\angle G(j\omega)$，记作 $\varphi(\omega)$，单位是度（°）或弧度（rad），线性分度。由于对数幅频特性和对数相频特性的纵坐标都是线性分度，横坐标都是对数分度，所以两张图绘制在同一张对数坐标纸上，并且两张图按频率上下对齐，容易看出同一频率时的幅值和相位。

采用伯德图的优点主要有：

（1）由于频率坐标按照对数分度，故可合理利用纸张，以有限的纸张空间表示很宽的频率范围。

（2）由于幅值采用分贝作单位，可以将串联环节幅值的相乘、除化为幅值的相加、减，使得计算和作图过程简化。

（3）提供了绘制近似对数幅频曲线的简便方法。幅频特性往往用直线作出对数幅频特性曲线的近似线，系统的幅频特性用组成该系统各环节的幅频特性折线叠加使得作图非常方便。

（4）因为在实际系统中，低频特性最为重要，所以通过对频率采用对数尺度，以扩展低频范围是很有利的。

（5）当频率响应数据以伯德图的形式表示时，可以容易地通过实验确定传递函数。

4.3.2 典型环节的伯德图

由于一般系统都由典型环节组成，所以，系统的对数频率特性也是由典型环节的对数频率特性组成的。因此，熟悉典型环节的对数频率特性，是了解和分析系统的对数频率特性和分析系统的动态特性的基础。

1. 比例环节 K

对数幅频特性 $\qquad 20\lg|G(j\omega)| = 20\lg K$ （dB）

对数相频特性 $\qquad \angle G(j\omega) = 0°$

所以比例环节的对数幅频特性曲线是一条平行于横轴的直线。当 $K>1$ 时，直线位于零分贝线上方；当 $K<1$ 时，直线位于零分贝线下方；当 $K=1$ 时，直线与零分贝线重合。相频特性曲线是与零度线重合的直线。K 的数值变化时，幅频特性图中的直线 $20\lg K$ 向上与向下平移，但相频特性不变。图 4-23 所示为比例环节的伯德图，对数幅频特性曲线和对数相频特性曲线都与频率无关。

2. 积分环节 $\dfrac{1}{j\omega}$

对数幅频特性

$$20\lg|G(j\omega)| = 20\lg\frac{1}{\omega} = -20\lg\omega \text{ (dB)}$$

对数相频特性 $\qquad \angle G(j\omega) = -90°$

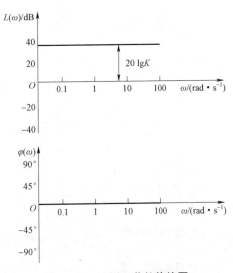

图 4-23 比例环节的伯德图

可见，每当频率增加 10 倍时，积分环节对数幅频特性就下降 20 dB，积分环节的对数复频特性曲线是一条在 $\omega=1$ 时通过零分贝线，斜率为 -20 dB/dec 的直线。积分环节的对数相频特性曲线是一条在整个频率范围内为 $-90°$ 的水平线，如图 4-24 所示。

如果 ν 个积分环节串联，则传递函数为

$$G(s)=\frac{1}{s^\nu}$$

对数幅频特性为 $\qquad 20\lg|G(j\omega)|=20\lg\frac{1}{s^\nu}=-20\nu\lg\omega\ (\text{dB})$

对数相频特性为 $\qquad \angle G(j\omega)=-\nu\cdot 90°$

它的对数幅频特性曲线是一条在 $\omega=1$ 处穿越频率零分贝线，斜率为 -20ν dB/dec 的直线，相频特性曲线是一条在整个频率范围内为 $-\nu\cdot 90°$ 的水平线。

3. 理想微分环节 $j\omega$

对数幅频特性

$$20\lg|G(j\omega)|=20\lg\omega$$

对数相频特性

$$\angle G(j\omega)=90°$$

可见，每当频率增加 10 倍时，理想微分环节的对数幅频特性就增加 20 dB。故微分环节的对数幅频特性是一条在 $\omega=1$ 时通过零分贝线，斜率为 20 dB/dec 的直线。对数相频特性曲线是一条在整个频率内为 $90°$ 的水平线，如图 4-25 所示。理想微分环节具有恒定的相位超前。

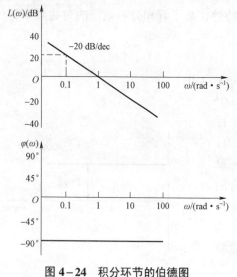

图 4-24 积分环节的伯德图

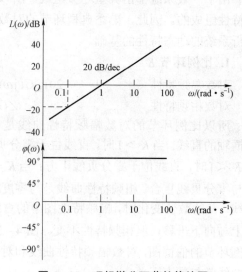

图 4-25 理想微分环节的伯德图

4. 惯性环节 $\dfrac{1}{j\omega T+1}$

对数幅频特性 $\qquad 20\lg|G(j\omega)|=20\lg\dfrac{1}{\sqrt{\omega^2T^2+1}}$

对数相频特性 $\qquad \angle G(j\omega)=-\arctan(T\omega)$

由上可见，对数幅频特性是一条比较复杂的曲线。为了简化，一般用直线近似地代替曲线，称为对数幅频渐近特性曲线。

若令交点频率为 $\frac{1}{T}$，则当 $\omega \ll \frac{1}{T}$ 时，对数幅频为 0 dB；当 $\omega \gg \frac{1}{T}$，对数幅频是一条斜率为 -20 dB/dec 的直线。它在转折频率 $\frac{1}{T}$ 处穿越 0 dB 线。上述两条直线在 $\frac{1}{T}$ 处相交，称角频率 $\frac{1}{T}$ 为转折频率或转角频率，并分别称这两条直线形成的折线分别为惯性环节的低频渐近线和高频渐近线。惯性环节的伯德图如图 4-26 所示。

由图 4-26 可见，惯性环节在低频时，输出能较准确的跟踪输入。但当输入频率 $\omega > \frac{1}{T}$ 时，其对数幅值以 -20 dB/dec 的斜率下降，这是由于惯性环节存在时间常数，输出达到一定幅值时，需要一定时间的缘故。当频率过高时，输出便跟不上输入的变化，故在高频时，输出的幅值很快衰减。如果输入函数中包含多种谐波，则输入中的低频分量得到精确的复现，而高频分量的幅值就要衰减，并产生较大的相移，所以惯性环节具有低通滤波器的功能。

用渐近线作图简单方便，而且和精确曲线很接近，在系统初步设计阶段经常采用。

5. 一阶微分环节 $j\omega T + 1$

对数幅频特性 $\qquad 20\lg|G(j\omega)| = 20\lg\sqrt{\omega^2 T^2 + 1}$

对数相频特性 $\qquad \angle G(j\omega) = \arctan \omega T$

若令交点频率为 $\frac{1}{T}$，则当 $\omega \ll \frac{1}{T}$ 时，对数幅频为 0 dB；当 $\omega \gg \frac{1}{T}$ 时，对数幅频是一条斜率为 20 dB/dec 的直线，它同样在转折频率 $\frac{1}{T}$ 处穿越 0 dB 线。

由上可知，一阶微分环节的传递函数为惯性环节的倒数，与惯性环节对数幅频和对数相频相比，仅差一个符号。所以一阶微分环节的对数幅频特性与惯性环节的对数幅频特性曲线关于 0 dB 线对称，对数相频特性曲线关于 0°线对称，如图 4-27 所示。

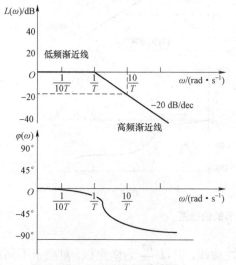

图 4-26 惯性环节的伯德图

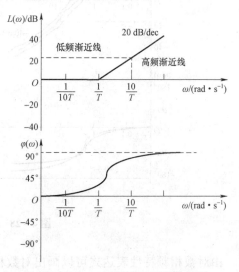

图 4-27 一阶微分环节的伯德图

6. 振荡环节 $\dfrac{1}{\left(j\dfrac{\omega}{\omega_n}\right)^2 + j2\xi\dfrac{\omega}{\omega_n} + 1}$

对数幅频特性 $\quad 20\lg|G(j\omega)| = 20\lg\dfrac{1}{\sqrt{\left(1-\dfrac{\omega}{\omega_n}\right)^2 + \left(2\xi\dfrac{\omega}{\omega_n}\right)^2}}$

对数相频特性 $\quad \angle G(j\omega) = -\arctan\dfrac{2\xi\dfrac{\omega}{\omega_n}}{1-\dfrac{\omega^2}{\omega_n^2}}$

由上式可知，振荡环节的对数幅频特性是角频率 ω 和阻尼比 ξ 的二元函数，它的精确曲线相当复杂，一般以渐近线代替。

若令交点频率为 $\dfrac{1}{T}$，则当 $\omega \ll \dfrac{1}{T}$ 时，对数幅频特性在低频段为 0 dB；当 $\omega \gg \dfrac{1}{T}$ 时，对数幅频特性在高频段近似为一条斜率为 -40 dB/dec 的直线，它通过频率 $\dfrac{1}{T}$ 处穿越 0 dB 线。振荡环节的低频渐近线和高频渐近线都与阻尼比 ξ 无关，但是幅值 $20\lg|G(j\omega)|$ 的变化与 ξ 有关。当 $\omega = \dfrac{1}{T}$ 附近时，若 ξ 值较小，则会产生谐振峰值。振荡环节的对数幅频特性曲线以 $\dfrac{\omega}{\omega_n}$ 为横坐标，其不同阻尼比下的伯德图如图 4-28（a）所示。以直线代替曲线的渐近线如图 4-28（b）所示。

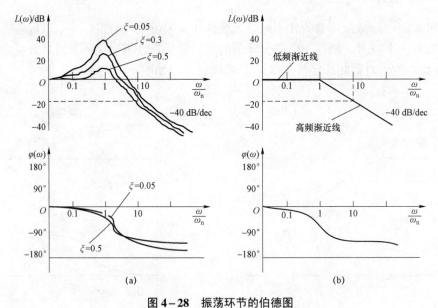

图 4-28 振荡环节的伯德图

由对数相频特性表达式可以画出对数相频特性曲线，仍以 $\dfrac{\omega}{\omega_n}$ 为横坐标，对应于不同的 ξ

值,形成一簇对数相频特性曲线,如图 4-28(a)所示。对于任何 ξ 值,当 $\omega \to 0$ 时,$\angle G(\mathrm{j}\omega) \to 0°$;当 $\omega \to \infty$ 时,$\angle G(\mathrm{j}\omega) = -180°$;当 $\omega = \dfrac{1}{T}$ 时,$\angle G(\mathrm{j}\omega) = -90°$。

振荡环节的精确幅频特性与渐近线之间的误差可能很大,特别是在转折频率处误差最大。

7. 二阶微分环节 $\left(\mathrm{j}\dfrac{\omega}{\omega_\mathrm{n}}\right)^2 + \mathrm{j}2\xi\dfrac{\omega}{\omega_\mathrm{n}} + 1$

对数幅频特性
$$20\lg|G(\mathrm{j}\omega)| = 20\lg\sqrt{\left(1-\dfrac{\omega^2}{\omega_\mathrm{n}^2}\right)^2 + \left(2\xi\dfrac{\omega}{\omega_\mathrm{n}}\right)^2}$$

对数相频特性
$$\angle G(\mathrm{j}\omega) = \arctan\dfrac{2\xi\dfrac{\omega}{\omega_\mathrm{n}}}{1-\dfrac{\omega^2}{\omega_\mathrm{n}^2}}$$

二阶微分环节的传递函数为振荡环节的倒数。与振荡环节对数幅频特性和对数相频特性相比,仅差一个符号,所以二阶微分环节的对数幅频特性与振荡环节的对数幅频特性曲线对称于 0 dB 线,对数相频特性对称于 0°线,如图 4-29 所示。

8. 延时环节 $\mathrm{e}^{-\mathrm{j}\omega T}$

$$G(\mathrm{j}\omega) = \mathrm{e}^{-\mathrm{j}\omega T} = \cos\omega T - \mathrm{j}\sin\omega T$$

对数幅频特性
$$20\lg|G(\mathrm{j}\omega)| = 20\lg 1 = 0\ \mathrm{dB}$$

对数相频特性
$$\angle G(\mathrm{j}\omega) = \arctan\dfrac{-\sin\omega T}{\cos\omega T} = -\omega T$$

延时环节的对数幅频特性曲线为 0 dB 直线,对数相频特性曲线随着 ω 的增大而减小,如图 4-30 所示。

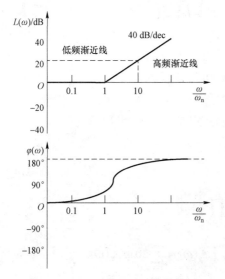

图 4-29 二阶微分环节的伯德图

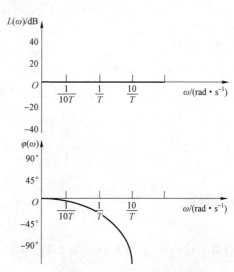

图 4-30 延时环节的伯德图

综上所述，某些典型环节的对数幅频特性及其渐近线和对数相频特性具有以下特点：
（1）就对数幅频而言：
积分环节为过点（1，0）、斜率为 –20 dB/dec 的直线；
微分环节为过点（1，0）、斜率为 20 dB/dec 的直线；
惯性环节的低频渐近线为 0 dB，高频渐近线为始于点 $\left(\dfrac{1}{T}, 0\right)$、斜率为 –20 dB/dec 的直线；
一阶微分环节的低频渐近线为 0 dB，高频渐近线为始于点 $\left(\dfrac{1}{T}, 0\right)$、斜率为 20 dB/dec 的直线；
振荡环节的低频渐近线为 0 dB，高频渐近线为始于点 (1,0)、斜率为 –40 dB/dec 的直线；
二阶微分环节的低频渐近线为 0 dB，高频渐近线为始于点 (1,0)、斜率为 40 dB/dec 的直线。

（2）就对数相频而言：
积分环节为过 –90°的水平线；
微分环节为过 90°的水平线；
惯性环节为在 0°～ –90°范围内变化的曲线；
一阶微分环节为在 0°～90°范围内变化的曲线；
振荡环节为在 0°～ –180°范围内变化的曲线；
二阶微分环节为在 0°～180°范围内变化的曲线。

4.3.3 伯德图的一般画法

熟悉了典型环节的伯德图后，绘制系统的伯德图，特别是按渐近线绘制伯德图是非常方便的。设开环系统由 n 个典型环节串联组成，这些环节的传递函数分别为 $G_1(s), G_2(s), \cdots, G_n(s)$，则系统的开环传递函数为

$$G(s) = G_1(s)G_2(s) \cdots G_n(s) = \prod_{i=1}^{n} G_i(s)$$

其频率特性为

$$\begin{aligned}
G(j\omega) &= G_1(j\omega)G_2(j\omega) \cdots G_n(j\omega) \\
&= A_1(\omega)e^{j\varphi_1(\omega)} A_2(\omega)e^{j\varphi_2(\omega)} \cdots A_n(\omega)e^{j\varphi_n(\omega)} \\
&= A_1(\omega)A_2(\omega) \cdots A_n(\omega) e^{j[\varphi_1(\omega)+\varphi_2(\omega)+\cdots+\varphi_n(\omega)]} \\
&= \prod_{i=1}^{n} A_i(\omega) e^{j\sum_{i=1}^{n}\varphi_i(\omega)}
\end{aligned}$$

幅频特性 $\quad |G(j\omega)| = A(\omega) = \prod_{i=1}^{n} A_i(\omega)$

对数幅频特性 $\quad 20\lg|G(j\omega)| = 20\lg A(\omega) = 20\lg \prod_{i=1}^{n} A_i(\omega) = \sum_{i=1}^{n} 20\lg A_i(\omega)$

相频特性 $\angle G(\mathrm{j}\omega) = \varphi(\omega) = \sum_{i=1}^{n}\varphi_i(\omega)$

上式表明，由 n 个典型环节串联组成的开环系统的对数幅频特性曲线和相频特性曲线可由各典型环节相应的曲线叠加得到。所以，绘制系统伯德图的一般步骤如下：

（1）由传递函数 $G(s)$ 求出频率特性 $G(\mathrm{j}\omega)$，并将 $G(\mathrm{j}\omega)$ 分解转化为若干个标准形式的典型环节频率特性相乘的形式。

（2）确定各环节的转折频率，并将各转折频率标注在伯德图的 ω 轴上。

（3）确定低频段的斜率为 -20ν dB/dec，其中系数 ν 表示积分环节的个数，同时确定低频线上一点 $L_a(\omega_0) = 20\lg K - 20\nu \cdot \lg\omega_0$。

（4）作系统经过各转折频率后的渐进特性线，表现为分段折线；每两个相邻转折频率之间为直线，在每个转折频率处，斜率发生变化，变化规律取决于该转折频率对应的典型环节的种类，具体如表 4.1 所示。

表 4.1 转折频率点处斜率的变化表

典型环节种类	典型环节传递函数	转折频率	斜率变化
一阶环节 （$T>0$）	$\dfrac{1}{1+Ts}$	$\dfrac{1}{T}$	-20 dB/dec
	$1+Ts$		20 dB/dec
二阶环节 （$\omega_n>0, 0\leq\xi<1$）	$\dfrac{1}{\dfrac{s^2}{\omega_n^2}+2\xi\dfrac{s}{\omega_n}+1}$	ω_n	-40 dB/dec
	$\dfrac{s^2}{\omega_n^2}+2\xi\dfrac{s}{\omega_n}+1$		40 dB/dec

应该注意的是，当系统的多个环节具有相同转折频率时，该交接频率点处的斜率的变化应为各个环节对应的斜率变化值的代数和。

例 4.5 已知系统的开环传递函数为

$$G(s)H(s) = \frac{K}{(T_1s+1)(T_2s+1)} \quad (T_1 > T_2 > 0)$$

试绘制系统的伯德图。

解：系统由比例环节和两个惯性环节组成，系统的开环频率特性为

$$G(\mathrm{j}\omega)H(\mathrm{j}\omega) = \frac{K}{(\mathrm{j}\omega T_1+1)(\mathrm{j}\omega T_2+1)}$$

对数幅频特性和相频特性分别为

$$L(\omega) = 20\lg\frac{K}{\sqrt{\omega^2 T_1^2+1}\sqrt{\omega^2 T_2^2+1}}$$

相频特性为

$$\varphi(\omega) = -\arctan T_1\omega - \arctan T_2\omega$$

两个转折频率从小到大依次为 $\dfrac{1}{T_1}, \dfrac{1}{T_2}$，画出该系统的对数幅频特性渐近曲线和相频曲线，如图 4-31 所示。

例 4.6 已知系统的开环传递函数 $G(s) = \dfrac{24(0.25s + 0.5)}{(5s + 2)(0.05s + 2)}$ 的伯德图。

解：（1）将系统的传递函数 $G(s)$ 中各环节化为标准形式得

$$G(s) = \dfrac{3(0.5s + 1)}{(2.5s + 1)(0.025s + 1)}$$

开环传递函数包含比例环节、两个惯性环节和一阶微分环节，频率特性为

$$G(j\omega) = \dfrac{3(j0.5\omega + 1)}{(j2.5\omega + 1)(j0.025\omega + 1)}$$

确定各环节的转折频率：

惯性环节 $\dfrac{1}{j2.5\omega + 1}$ 的转折频率 $\dfrac{1}{2.5} = 0.4$；

惯性环节 $\dfrac{1}{j0.025\omega + 1}$ 的转折频率 $\dfrac{1}{0.025} = 40$；

一阶微分环节 $j0.5\omega + 1$ 的转折频率 $\dfrac{1}{0.5} = 2$。

将转折频率从小到大排列在横坐标轴上，依次为 0.4，2，40，画出该系统的对数幅频特性渐近曲线和相频曲线，如图 4-32 所示。

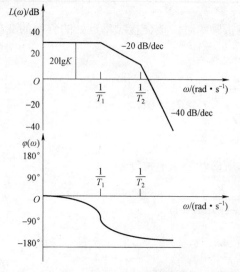

图 4-31 例 4.5 的伯德图

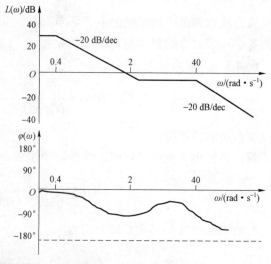

图 4-32 例 4.6 的伯德图

4.3.4 最小相位系统

若系统的开环传递函数 $G(s)$ 在 S 右半平面内既无极点也无零点，则称为最小相位系统（minimum phase system）。对于最小相位系统，当频率从零变化到无穷大时，相角的变化范围最小，其相角为 $-(n-m)\times 90°$。

若系统的开环传递函数 $G(s)$ 在 S 右半平面内有零点或者极点，称为非最小相位系统（non-minimum phase system）。对于非最小相位系统而言，当频率从零变化到无穷大时，相角的变化范围总是大于最小相位系统的相角范围，其相角不等于 $-(n-m)\times 90°$。

以下两个系统，它们的传递函数为

$$G_a(s) = \frac{\tau s+1}{Ts+1}, \quad G_b(s) = \frac{\tau s-1}{Ts+1}, \quad 0<\tau<T$$

这两个系统的开环零、极点在复平面的分布如图 4-33 所示。其开环幅频特性和开环相频特性分别为

$$|G_a(j\omega)| = \frac{\sqrt{\tau^2\omega^2+1}}{\sqrt{T^2\omega^2+1}}$$

$$\varphi(\omega) = \arctan\tau\omega - \arctan T\omega$$

$$|G_b(j\omega)| = \frac{\sqrt{\tau^2\omega^2+1}}{\sqrt{T^2\omega^2+1}}$$

$$\varphi(\omega) = -\arctan\tau\omega - \arctan T\omega$$

比较上式，可以发现这两个系统具有相同的开环幅频特性和不同的开环相频特性。

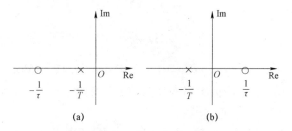

图 4-33 开环零、极点分布图
（a）系统 a；（b）系统 b

由以上两个式子可以看出，当频率从零到无穷大时，系统 a 的相位变化量为 $0°$，系统 b 的相位变化量为 $-180°$。由此可见，最小相位系统的相位变化量总小于非最小相位系统的相位变化量，这就是"最小相位"的由来。

4.4 由频率特性曲线求系统传递函数

频率特性是线性系统（环节）在特定情况下（输入正弦信号）的传递函数，故由传递函数可以得到系统（环节）的频率特性。反过来，由频率特性也可求得相应的传递函数。工程实际中，对于传递函数难以用数学分析方法求出的系统，可以通过实验测出系统的频率特性曲线，进而求出系统的传递函数。

由于最小相位系统的幅频特性和相频特性是一一对应的，一条对数幅频特性曲线只有一条对数相频特性曲线与之对应，因而利用伯德图对最小相位系统写出传递函数、进行分析以及综合校正时，往往只需作出对数幅频特性曲线就可以。

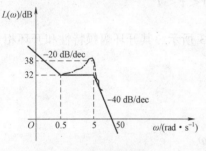

图 4-34 最小相位系统的开环对数幅频特性

例 4.7 已知最小相位系统的开环对数幅频特性如图 4-34 所示，图中虚线为修正后的精确曲线，试确定开环传递函数。

解：由最小相位系统的对数幅频特性可知，应由 $L(\omega)$ 的起始段开始，逐步由各段斜率确定对应环节类型，由各转折频率确定各环节时间常数，而开环增益则由起始段位置计算。若某频率处 $L(\omega)$ 斜率改变 ±40 dB/dec，需由修正曲线方可确定对应环节的 ξ 值。

（1） $L(\omega)$ 起始段 $(0<\omega<0.5)$ 的斜率为 20 dB/dec，说明传递函数中包含一个积分环节，即 $\nu=1$。当 $\omega=0.5$ 时，纵坐标为 32 dB/dec，则

$$20\lg\frac{K}{0.5}=32$$
$$K=20$$

即

$$G_1(s)=\frac{20}{s}$$

（2）在 $0.5\leqslant\omega<5$ 频段上，$L(\omega)$ 斜率由 -20 dB/dec 变为 0 dB/dec，说明开环传递函数中包含一阶微分环节 $Ts+1$，由于转折频率为 0.5，则 $T=2$，即

$$G_2(s)=2s+1$$

（3）在 $\omega=5$ 时，$L(\omega)$ 的斜率由 0 dB/dec 改变为 -40 dB/dec，可知系统中包含一个转折频率为 5 的振荡环节，即

$$G_3(s)=\frac{1}{0.04s^2+0.4\xi s+1}$$

由修正曲线可确定 ξ 值，由图 4-34 可知

$$38-32=20\lg\frac{1}{\sqrt{(1-0.04\times25)^2+(0.4\times5\xi)^2}}=20\lg\frac{1}{2\xi}$$
$$\xi=0.25$$

即
$$G_3(s) = \frac{1}{0.04s^2 + 0.1\xi s + 1}$$

故 $L(\omega)$ 对应的最小相位系统的传递函数为

$$G(s) = \frac{20(2s+1)}{s(0.04s^2 + 0.1s + 1)}$$

4.5 由单位脉冲响应求系统的频率特性

已知单位脉冲函数的拉氏变换象函数等于1，即

$$L[\delta(t)] = 1$$

其象函数不含 s，故单位脉冲函数的傅氏变换象函数也等于1，即

$$F[\delta(t)] = 1$$

上式说明，$\delta(t)$ 隐含着幅值相等的各种频率。如果对某系统输入一个单位脉冲，则相当于用等单位强度的所有频率去激励系统。

由于当 $x_i(t) = \delta(t)$ 时，$X_i(j\omega) = 1$，则系统传递函数等于其输出象函数，即

$$G(j\omega) = \frac{X_o(j\omega)}{X_i(j\omega)} = X_o(j\omega)$$

系统单位脉冲响应的傅氏变换即为系统的频率特性。单位脉冲响应简称为脉冲响应，脉冲响应函数又称为权函数。

为了识别系统的传递函数，可以产生一个近似的单位脉冲信号 $\delta(t)$ 作为系统的输入，记录系统响应的曲线 $g(t)$，则系统的频率特性按照定义可表示为

$$G(j\omega) = \int_0^\infty g(t)e^{-j\omega t} \, dt \tag{4.21}$$

对于渐近稳定的系统，系统的单位脉冲响应随时间增长逐渐趋于零。因此，可以对照式（4.21）对响应 $g(t)$ 采样足够的点，借助计算机，用多点求和的方法即可近似求出系统频率特性，即

$$\begin{aligned} G(j\omega) &\approx \Delta t \sum_{n=0}^{N-1} g(n\Delta t)e^{-j\omega n\Delta t} \\ &= \Delta t \sum_{n=0}^{N-1} g(n\Delta t)[\cos(\omega n\Delta t) - j\sin(\omega n\Delta t)] \\ &= \text{Re}(\omega) + j\text{Im}(\omega) \end{aligned} \tag{4.22}$$

则系统幅频特性可由式（4.22）求得为

$$|G(j\omega)| = \sqrt{\text{Re}^2(\omega) + \text{Im}^2(\omega)} \tag{4.23}$$

系统相频特性也可由式（4.23）求得为

$$\underline{|G(\mathrm{j}\omega)|} = \arctan \frac{\mathrm{Im}(\omega)}{\mathrm{Re}(\omega)} \qquad (4.24)$$

4.6 对数幅相特性图

对数幅相特性图（Nichols 图）是描述系统频率特性的第 3 种图示方法。该图纵坐标表示频率特性的对数幅值，以分贝为单位；横坐标表示频率特性的相位角。对数幅相特性图以频率 ω 作为参变量，用一条曲线完整地表示了系统的频率特性，一些基本环节的对数幅相特性图如图 4-35 所示。

对数幅相特性图很容易将伯德图上的幅频曲线和相频曲线合并成一条来绘制。对数幅相特性图有以下特点：

（1）由于系统增益的改变不影响相频特性，故系统增益改变时，对数幅相特性图只是简单地向上平移（增益增大）或向下平移（增益减小），而曲线形状保持不变；

（2）$G(\omega)$ 和 $1/G(\mathrm{j}\omega)$ 的对数幅相特性图相对原点中心对称，即幅值和相位均相差一个符号；

（3）利用对数幅相特性图，很容易由开环频率特性求闭环频率特性，可以尽快确定闭环系统的稳定性及方便地解决系统的校正问题。

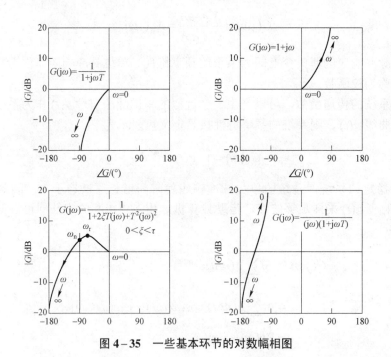

图 4-35 一些基本环节的对数幅相图

4.7 控制系统的闭环频响

4.7.1 由开环频率特性估计闭环频率特性

所谓开环频率特性,是指将闭环回路的环打开的频率特性。对于如图 4-36 所示系统,其开环频率特性为 $G(j\omega)H(j\omega)$,而该系统闭环频率特性为

$$\frac{X_o(j\omega)}{X_i(j\omega)} = \frac{G(j\omega)}{1+G(j\omega)H(j\omega)} \quad (4.25)$$

据此,可以画出系统闭环频率特性图。由于求出的闭环频率特性分子分母通常不是因式分解的形式,故其频率特性图一般不如开环频率特性图容易画。但随着计算机的应用日益普及,其冗繁的计算工作量可以很容易地由计算机完成。另一方面,已知开环幅频特性,也可定性地估计闭环频率特性。

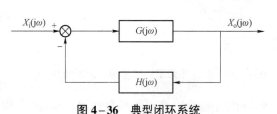

图 4-36 典型闭环系统

设系统为单位反馈,则

$$\frac{X_o(j\omega)}{X_i(j\omega)} = \frac{G(j\omega)}{1+G(j\omega)} \quad (4.26)$$

一般实用系统的开环频率特性具有低通滤波的性质,低频时,$|G(j\omega)| \gg 1$,$G(j\omega)$ 与 1 相比,1 可以忽略不计,则

$$\left|\frac{X_o(j\omega)}{X_i(j\omega)}\right| = \left|\frac{G(j\omega)}{1+G(j\omega)}\right| \approx 1$$

高频时,$|G(\omega)| \ll 1$,$G(\omega)$ 与 1 相比,$G(\omega)$ 可以忽略不计,则

$$\left|\frac{X_o(j\omega)}{X_i(j\omega)}\right| = \left|\frac{G(j\omega)}{1+G(j\omega)}\right| \approx |G(j\omega)|$$

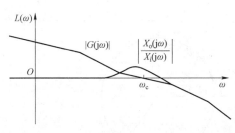

图 4-37 系统开环及闭环幅频特性对照

系统开环及闭环幅频特性对照如图 4-37 所示。因此,对于一般单位反馈的最小相位系统,低频输入时,输出信号的幅值和相位均与输入基本相等,这正是闭环反馈控制系统所需要的工作频段及结果;高频输入时,输出信号的幅值和相位则均与开环特性基本相同,而中间频段的形状随系统阻尼的不同有较大的变化。

对于单位反馈系统,设前向通道传递函数为 $G(s)$,则其闭环传递函数为

$$\frac{X_o(s)}{X_i(s)} = \frac{G(s)}{1+G(s)} \quad (4.27)$$

在图 4-38 所示的极坐标图（Nyquist 图）上，向量 OA 表示 $G(j\omega_A)$，其中 ω_A 为 A 点频率。向量 OA 的幅值为 $|G(j\omega_A)|$，向量 OA 的相角为 $\angle G(j\omega_A)$。由 $P(-1,j0)$ 点到 A 点的向量 PA 可表示为 $[1+G(j\omega_A)]$。向量 OA 与 PA 之比正好表示了闭环频率特性，即

$$\frac{OA}{PA}=\frac{G(j\omega_A)}{1+G(j\omega_A)}=\frac{X_o(j\omega_A)}{X_i(j\omega_A)} \tag{4.28}$$

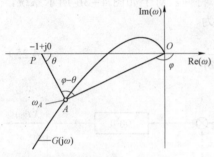

图 4-38 由开环频率特性求闭环频率特性

在 $\omega=\omega_A$ 处，闭环频率特性的幅值就是向量 OA 与 PA 的幅值之比，相位角就是两向量的相角之差，即夹角 $\varphi-\theta$，如图 4-38 所示。当系统的开环频率特性确定后，根据图 4-38 就可求出闭环频率特性。

设闭环频率特性的幅值为 $M(\omega)$，相位角为 $\varphi(\omega)$，闭环频率响应可表示为

$$\frac{X_o(j\omega)}{X_i(j\omega)}=M(\omega)e^{j\varphi(\omega)} \tag{4.29}$$

类似于地图上等高线的思路，可以求出闭环频率特性的等幅值轨迹和等相角轨迹，即 M 圆和 N 圆。可以利用等 M 圆和等 N 圆由开环频率特性求出闭环频率特性。在由极坐标图（Nyquist 图）确定闭环频率特性及系统校正时，这将带来方便。

1. 等幅值轨迹（M 圆）

设 $G(j\varphi)=X+jY$，式中 X 和 Y 均为实数，则

$$M=\frac{|X+jY|}{|1+X+jY|}=\sqrt{\frac{X^2+Y^2}{(1+X)^2+Y^2}} \tag{4.30}$$

式（4.30）两边平方，可得

$$M^2=\frac{X^2+Y^2}{(1+X)^2+Y^2} \tag{4.31}$$

如果 $M=1$，由式（4.31）可求得 $X=-1/2$，即为通过点 $(-1/2,0)$ 且平行虚轴的直线。
如果 $M\ne 1$，式（4.31）可化成

$$\left(X+\frac{M^2}{M^2-1}\right)^2+Y^2=\frac{M^2}{(M^2-1)^2} \tag{4.32}$$

该式就是一个圆的方程，其圆心为 $\left(-\dfrac{M^2}{M^2-1},j0\right)$，半径为 $\left(\dfrac{M}{M^2-1}\right)$，如图 4-39 所示。

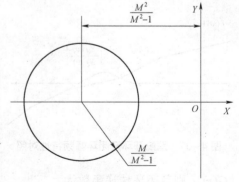

图 4-39 M 圆

在复平面上，等 M 轨迹是一族圆，对于给定的 M 值，可计算出它的圆心坐标和半径。图 4-40 所示为一族等 M 圆，由图可以看出，当 $M>1$ 时，随着 M 的增大 M 圆的半径减小，最后收敛于点 $(-1,j0)$。当 $M<1$ 时，随着 M 的减小 M 圆的半径亦减小，最后收敛于点 $(0,j0)$。当 $M=1$ 时，其轨迹

是过点（-1/2，j0）且平行于虚轴的直线。

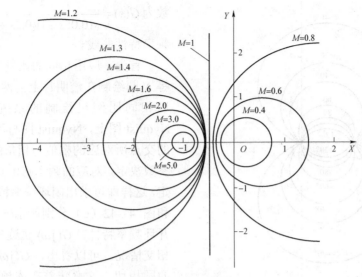

图 4-40　等 M 圆族

2. 等相角轨迹（N 圆）

$\left|\dfrac{X_o(j\omega)}{X_i(j\omega)}\right|$ 的相角 φ 为 $\left|\dfrac{X+jY}{1+X+jY}\right|$，即

$$\varphi = \arctan\dfrac{Y}{X} - \arctan\dfrac{Y}{1+X}$$

设 $\tan\varphi = N$，则

$$N = \tan\left[\arctan\dfrac{Y}{X} - \arctan\dfrac{Y}{1+X}\right] = \dfrac{\dfrac{Y}{X}-\dfrac{Y}{1+X}}{1+\dfrac{Y}{X}\cdot\dfrac{Y}{1+X}} = \dfrac{Y}{X^2+X+Y^2}$$

则

$$X^2 + X + Y^2 - \dfrac{Y}{N} = 0$$

配方整理，可得

$$\left(X+\dfrac{1}{2}\right)^2 + \left(Y-\dfrac{1}{2N}\right)^2 = \dfrac{1}{4} + \left(\dfrac{1}{2N}\right)^2 \tag{4.33}$$

由式（4.33）可看出，等相角轨迹是一个圆心为 $\left(-\dfrac{1}{2},j\dfrac{1}{2N}\right)$、半径为 $\sqrt{\dfrac{1}{4}+\left(\dfrac{1}{2N}\right)^2}$ 的圆。图 4-41 所示为一族等 N 圆。

应当指出，对于给定 φ 值的 N 圆，实际上并不是一个完整的圆，而只是一段圆弧。同时，由于 φ 与 $\varphi \pm 180°$ 的正切值是相同的，因此 N 圆对应的 φ 具有多值性，例如，$\varphi = -35°$ 与 $\varphi = 145°$ 对应的圆弧是相同的。

3. 应用极坐标图（Nyquist 图）求闭环频率特性

利用等 M 圆和等 N 圆，通过闭环控制系统的开环极坐标图（Nyquist 图）获得闭环频率特性的方法以例 4.8 说明。

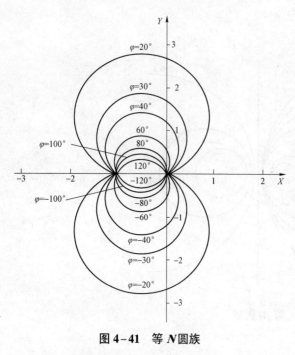

图 4-41 等 N 圆族

例 4.8 一单位反馈系统的开环传递函数为 $G(s) = \dfrac{3}{s(0.05s+1)(0.2s+1)}$，绘出其闭环频率特性曲线。

首先，应用相同的比例尺，将等 M 圆和等 N 圆绘制在透明片上，然后再把它覆盖在以相同比例尺绘制的系统开环传递函数 Nyquist 图上，Nyquist 图与等 M 圆和等 N 圆的交点所对应的幅值与相角由 M 圆和 N 圆的参数决定，对应的频率则由开环 Nyquist 图决定，这样即可求出闭环频率特性。图 4-42（a）和图 4-42（c）分别所示一单位反馈系统的开环频率特性。$G(j\omega)$ 轨迹与 M 圆和 N 圆的相交情况。可以看出，$G(j\omega)$ 轨迹与 $M=1.1$ 的圆相切，这意味着在该频率处 $\omega=\omega_r$（谐振频率），闭环频率响应幅值 1.1 为最大幅值（谐振峰值）。从图 4-42（c）中 $G(j\omega)$ 轨迹的相应点可以看出该频率时的相角。依次找出 $G(j\omega)$ 与 M 圆和 N 圆的交点，就可绘出闭环幅频和相频特性曲线，如图 4-42（b）和图 4-42（d）所示。

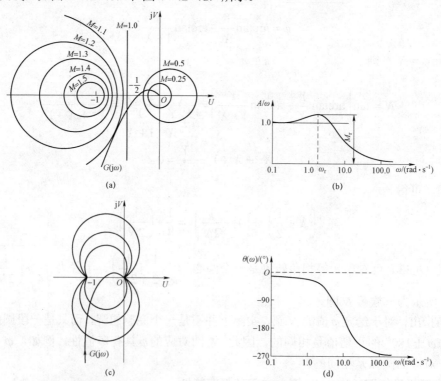

图 4-42 利用等 N 圆和等 N 圆通过极坐标图（Nyquist 图）获得闭环频率特性
（a）叠加在 M 圆族上的 $G(j\omega)$ 轨迹；(b) 闭环幅频响应曲线；
（c）叠加在 N 圆族上的 $G(j\omega)$ 轨迹；(d) 闭环相频响应曲线

4. 应用尼柯尔斯图线求闭环频率特性

仿照上述等 M 圆和等 N 圆的思路，在对数幅相特性图上作出等 M 曲线和等 N 曲线，只不过此时曲线已不是圆形，由它们的轨迹构成的曲线称为尼柯尔斯（Nichols）图线，如图 4-43 所示。

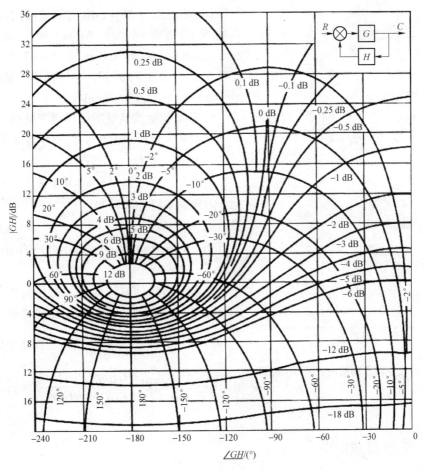

图 4-43 尼柯尔斯图线

图 4-43 表示了相角在 0°和-240°之间的图线，尼柯尔斯图线对称于-180°轴线，每隔 360°，M 轨线和 N 轨线重复一次，且在每个 180°的间隔上都是对称的。在由开环频率特性确定闭环频率特性时，应用相同的比例尺，将尼柯尔斯图线绘制在透明片上，然后再把它覆盖在以相同比例尺绘制的系统开环传递函数对数幅相图上，则开环频率特性曲线 $G(j\omega)$ 与 M 轨线和 N 轨线的交点，就给出了每一频率上闭环频率特性的幅值 M 和相角 φ，若 $G(j\omega)$ 轨迹与 M 轨线相切，切点处频率就是谐振频率，谐振峰值由 M 轨线对应的幅值确定。

例如，一单位反馈系统的开环传递函数为

$$G(s) = \frac{375(0.063s+1)(0.2s+1)}{s\left[\left(\frac{1}{37}\right)^2 s^2 + 2 \times 0.57 \times \frac{1}{37}s + 1\right](0.025s+1)(5.8s+1)}$$

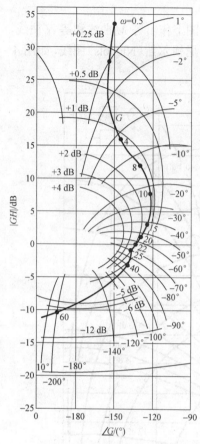

图 4-44 重叠在尼柯尔斯图线上的 $G(j\omega)$ 图

为了应用尼柯尔斯图线求闭环频率特性,可在对数幅相图上画 $G(j\omega)$ 轨迹与 M 轨线和 N 轨线,如图 4-44 所示。闭环频率特性曲线可由 M 轨线和 N 轨线与 $G(j\omega)$ 交点求出不同频率时的幅值与相角。由于 $G(j\omega)$ 轨迹是与 $M = 2$ dB 的轨迹相切,所以闭环频率特性的谐振峰值为 $M_r = 2$ dB,而谐振频率 $\omega_r = 22$ rad/s。此外,$G(j\omega)$ 与 $M = -3$ dB 轨迹交点的频率在 $40 \sim 60$ rad/s 之间,采用插值计算可大致确定闭环截止频率为 $\omega_b = 50$ rad/s。

5. 非单位反馈系统的闭环频率特性

对于非单位反馈系统,其闭环传递函数为

$$\frac{X_o(s)}{X_i(s)} = \frac{G(s)}{1+G(s)H(s)} \quad (4.34)$$

闭环频率特性可写为

$$\frac{X_o(j\omega)}{X_i(j\omega)} = \frac{G(j\omega)}{1+G(j\omega)H(j\omega)} = \frac{1}{H(j\omega)} \frac{G(j\omega)H(j\omega)}{1+G(j\omega)H(j\omega)} \quad (4.35)$$

在求取闭环频率特性时,在尼柯尔斯图上画出 $G(j\omega)H(j\omega)$ 的轨迹,由轨迹与 M 轨线和 N 轨线的交点,就可得到 $\dfrac{G(j\omega)H(j\omega)}{1+G(j\omega)H(j\omega)}$ 的某一频率下的幅值和相角,用 $\dfrac{1}{H(j\omega)}$ 乘以 $\dfrac{G(j\omega)H(j\omega)}{1+G(j\omega)H(j\omega)}$ 就可得到系统闭环频率特性。

4.7.2 系统频域指标

频域性能指标是根据闭环控制系统的性能指标要求制定的。与时域特性中有超调量、调整时间等性能指标一样,在频域中也有相应的指标,如谐振峰值 M_r 及谐振频率 ω_r,系统的截止频率 ω_b 与频宽,相位裕度和幅值裕度。频域性能指标也是选用频率特性曲线的某些特征点来评价系统的性能的。

1. 相对谐振峰值 M_r 及谐振频率 ω_r

闭环频率特性 $\Phi(j\omega)$ 的幅值出现最大值 M_{max} 的频率称为谐振频率 ω_r。$\omega = \omega_r$ 时的幅值 $M_{max}(\omega_r)$ 与 $\omega = 0$ 时的幅值 $M(0)$ 之比 $\dfrac{M_{max}(\omega_r)}{M(0)}$ 称为谐振比或相对谐振峰值 M_r,如图 4-45 所示。

若取分贝值,则

$$20\lg M_r = 20\lg M_{max}(\omega_r) - 20\lg M(0)$$

M_r 表征了系统的相对稳定性的好坏。一般说来,M_r 越大,系统阶跃响应的超调量也越大，系统的阻尼比小，相对稳定性差。

对于图 4-46 所示的二阶系统，其闭环传递函数是一个典型的振荡环节，频率特性为

$$\Phi(j\omega) = \frac{C(j\omega)}{R(j\omega)} = \frac{\omega_n^2}{(j\omega)^2 + 2\xi\omega_n(j\omega) + \omega_n^2}$$

$$M = |\Phi(j\omega)| = \frac{1}{\sqrt{\left(1 - \frac{\omega^2}{\omega_n^2}\right)^2 + \left(2\xi\frac{\omega}{\omega_n}\right)^2}}$$

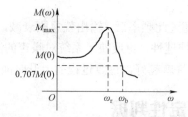

图 4-45 闭环频率特性的 M_r 和 ω_r 　　　　图 4-46 二阶系统框图

下面根据 M 表达式及系统参数 ξ 和 ω_n，可以求得 M_r 和 ω_r。

令

$$\frac{\omega}{\omega_n} = \Omega$$

则

$$M(\Omega) = \frac{1}{\sqrt{(1-\Omega^2)^2 + 4\xi^2\Omega^2}}$$

令 $\dfrac{dM(\Omega)}{d\Omega}$ 可求得 $M(\Omega)$ 最大值 M_r 和 Ω_r

$$M_r = \frac{1}{2\xi\sqrt{1-\xi^2}} \tag{4.36}$$

$$\Omega_r = \frac{\omega_r}{\omega_n} = \sqrt{1-2\xi^2}$$

则

$$\omega_r = \omega_n\sqrt{1-2\xi^2} \tag{4.37}$$

可知，在 $0 \leqslant \xi \leqslant \dfrac{1}{\sqrt{2}} = 0.707$ 范围内，系统会产生谐振峰值 M_r，而且 ξ 越小，M_r 越大；谐振频率 ω_r 与系统的有阻尼固有频率 ω_d、无阻尼固有频率 ω_n 有如下关系

$$\omega_r < \omega_d = \omega_n\sqrt{1-\xi^2} < \omega_n$$

当 $\xi \to 0$ 时，$\omega_r \to \omega_n$，$M_r \to \infty$，系统产生共振。当 $\xi \geqslant 0.707$ 时，由式（4.37）计算的 ω_r 为零或者虚数，说明系统不存在谐振频率 ω_r，即不产生谐振。在二阶系统中，希望选取

$M_r < 1.4$，因为这时阶跃响应的最大超调量 $M_p < 25\%$，系统有较满意的过渡过程。

谐振频率 ω_r 在一定程度上反映了系统瞬态响应的速度，ω_r 值越大，则瞬态响应越快。一般来说，ω_r 与上升时间 t_r 成反比。

2. 截止频率 ω_b 与频宽

截止频率 ω_b 是系统闭环频率特性的幅值下降到其零频率幅值以下 3 dB 时的频率（也称带宽频率），即

$$20 \lg M_{\omega_b} = 20 \lg M(0) - 3 = 20 \lg 0.707 M(0) \text{（dB）}$$

所以截止频率 ω_b 也可以说是系统闭环频率特性的幅值为其零频率幅值的 0.707 倍时的频率，如图 4–45 所示。

系统的频宽是指由 0 至 ω_b 的频率范围。它表示超过此频率后，输出就急剧衰减，跟不上输入，形成系统响应的截止状态。频宽表征系统响应的快速性，也反映了系统对噪声的滤波能力。对于系统响应的快速性而言，频宽越大，响应的快速性就越好，过渡过程的上升时间越小。

4.8　奈奎斯特稳定性判据

Nyquist 稳定性判据是图解法，不需要求取闭环系统的特征根，只要对系统的开环传递函数频率曲线进行分析，即可知道系统的稳定性。

1. 米哈伊洛夫定理

设 n 次多项式 $D(s)$ 有 p 个正根位于复平面的右半面，有 q 个根在原点上，其余 $n-p-q$ 个根位于左半面，则当 $s = j\omega$ 代入 $D(s)$，并令 ε 从 0 连续增大到 ∞ 时，$\angle D(j\omega)$ 的角增量应为

$$\angle D(j\omega) = (n - p - q)\frac{\pi}{2} + p\left(-\frac{\pi}{2}\right)$$

$$= (n - 2p - q)\frac{\pi}{2}$$

证明：

（1）对于在实轴上的正根（设 $a > 0$）

$$s = a$$

$$s - a = j\omega - a$$

$$\lim_{\omega \to \infty}(\angle j\omega - a) = -\lim_{\omega \to \infty} \arctan \frac{\omega}{a} = -\frac{\pi}{2}$$

（2）对于在实轴上的负根（设 $a > 0$）

$$s = -a$$

$$s + a = j\omega + a$$

$$\lim_{\omega \to \infty}(\angle j\omega + a) = \lim_{\omega \to \infty} \arctan \frac{\omega}{a} = \frac{\pi}{2}$$

（3）对于在实轴上的零根：

$$s = \pm 0$$

$$s \pm 0 = j\omega \pm 0$$

$$\lim_{\omega \to \infty}(\angle j\omega \pm 0) = \lim_{\omega \to \infty} \arctan \frac{\omega}{0} = \varphi(\infty) - \varphi(0) = \frac{\pi}{2} - \frac{\pi}{2} = 0$$

（4）对于在右半面的复根（设 $a>0$、$b>0$）

$$s = a \pm bj$$
$$s - a \mp bj = j(\omega \mp b) - a$$
$$\lim_{\omega \to \infty} \angle[j(\omega \mp b) - a] = -\lim_{\omega \to \infty} \arctan \frac{\omega}{a} \pm \arctan \frac{b}{a}$$
$$= -\frac{\pi}{2} \pm \arctan \frac{b}{a}$$

（5）对于在左半面的复根（设 $a>0$）

$$s = -a \pm bj$$
$$s + a \mp bj = j(\omega \mp b) - a$$
$$\lim_{\omega \to \infty} \angle[j(\omega \mp b) + a] = \lim_{\omega \to \infty} \arctan \frac{\omega}{a} \mp \arctan \frac{b}{a}$$
$$= \frac{\pi}{2} \mp \arctan \frac{b}{a}$$

总结：由于复根成对出现，成对虚根 ω 从 0 连续增大到 ∞ 时，$\angle D(j\omega)$ 的角增量相加后，平均得到如下结论：ω 从 0 连续增大到 ∞ 时

在左半面的根，角增量 $\angle D(j\omega)$ 为 $\dfrac{\pi}{2}$；

在右半面的根，角增量 $\angle D(j\omega)$ 为 $-\dfrac{\pi}{2}$；

对于零根，角增量 $\angle D(j\omega)$ 为 0。

则米哈伊洛夫定理得证。

2. 奈奎斯特稳定性判据

反馈控制系统方框图如图 4-47 所示。

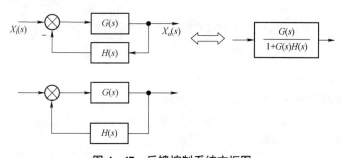

图 4-47 反馈控制系统方框图

设 $G(s) = \dfrac{B_1(s)}{A_1(s)}$，$H(s) = \dfrac{B_2(s)}{A_2(s)}$，则

系统的开环传递函数为 $G_k(s) = G(s)H(s) = \dfrac{B_1(s)}{A_1(s)} \cdot \dfrac{B_2(s)}{A_2(s)}$

系统的闭环传递函数为 $G_b(s) = \dfrac{G(s)}{1+G(s)H(s)} = \dfrac{\dfrac{B_1(s)}{A_1(s)}}{1+\dfrac{B_1(s)}{A_1(s)}\cdot\dfrac{B_2(s)}{A_2(s)}}$

令 $F(s) = 1+G(s)H(s) = 1+\dfrac{B_1(s)}{A_1(s)}\cdot\dfrac{B_2(s)}{A_2(s)} = \dfrac{D_b(s)}{D_k(s)}$，对于 $F(s) = \dfrac{D_b(s)}{D_k(s)}$，若开环极点均在复平面的左半面，且 $\Delta\arg F(j\omega) = 0$，说明闭环系统的特征方程有 n 个具有负实部的根，则闭环系统稳定。

$$\Delta\arg F(j\omega) = \Delta\arg D_b(j\omega) - \Delta\arg D_k(j\omega)$$
$$= \Delta\arg D_b(j\omega) - n\cdot\left(\dfrac{\pi}{2}\right) = 0$$

对于 $F(s) = \dfrac{D_b(s)}{D_k(s)}$，若开环极点 p 个根在右半面，q 个零根：

$$\Delta\arg D_k(j\omega) = (n-2p-q)\cdot\left(\dfrac{\pi}{2}\right) \quad (\text{米哈伊洛夫定理})$$

若系统稳定，$\Delta\arg D_b(j\omega) = n\cdot\left(\dfrac{\pi}{2}\right)$，则

$$\Delta\arg F(j\omega) = \Delta\arg D_b(j\omega) - \Delta\arg D_k(j\omega) = n\cdot\left(\dfrac{\pi}{2}\right) - (n-2p-q)\cdot\left(\dfrac{\pi}{2}\right) = p\pi + q\dfrac{\pi}{2},$$

奈奎斯特稳定性判据使用步骤：

（1）求出 $F(s)-1 = G(s)H(s)$ 的 Nyquist 图，相对于点 $(-1, j0)$ 的角增量：

$$\Delta\theta = \varphi(\infty) - \varphi(0)$$

（2）若开环传递函数有 p 个根位于复平面的右半面，有 q 个零点：

$$\Delta\arg F(j\omega) = p\pi + q\dfrac{\pi}{2}$$

（3）判断：
如果 $\Delta\theta = \Delta\arg F(j\omega)$，则该闭环控制系统稳定；
如果 $\Delta\theta \neq \Delta\arg F(j\omega)$，则该闭环控制系统不稳定。

例 4.9 设开环传递函数

$$G_k(s) = \dfrac{K}{Ts-1}$$

该开环传递函数的 Nyquist 图，有两种情况如图 4-48 所示，分析哪一种情况是稳定的？

解：对于系统开环传递函数有一个极点，没有零点：$p=1, q=0$：

$$\Delta\arg F(j\omega) = p\pi + q\dfrac{\pi}{2} = \pi$$

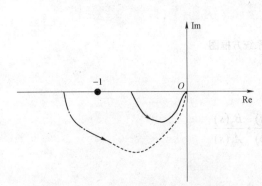

图 4-48 例 4.9 开环频率特性极坐标图

（1）对于图 4-48 中虚线极坐标图：相对于点

$(-1,j0)$ 的角增量：
$$\Delta\theta = \varphi(\infty) - \varphi(0) = 2\pi - \pi = \pi$$

所以此时该系统稳定；

（2）对于图 4-48 中虚线极坐标图：相对于点 $(-1,j0)$ 的角增量：
$$\Delta\theta = \varphi(\infty) - \varphi(0) = 0 - 0 = 0 \neq \pi$$

所以此时该系统不稳定。

基于以上分析，只要 $A(0) = K > 1$ 时，极坐标起点在点的左边，系统是稳定的。

例 4.10　设开环传递函数
$$G_k(s) = \frac{K(s+2)}{s(s-1)}$$

试判别该闭环系统的稳定性？

解：对于系统开环传递函数有一个极点，没有零点：$p=1, q=1$：
$$\Delta\arg F(j\omega) = p\pi + q\frac{\pi}{2} = \frac{3\pi}{2}$$

对于图 4-49 中虚线极坐标图：相对于点 $(-1,j0)$ 的角增量：

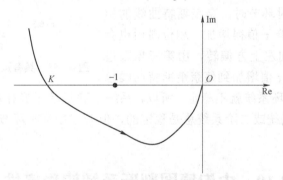

图 4-49　例 4.10 开环频率特性极坐标图

$$\Delta\theta = \varphi(\infty) - \varphi(0) = 2\pi - \frac{1}{2}\pi = \frac{3\pi}{2}$$

所以此时该系统稳定。

4.9　应用奈奎斯特稳定性判据分析延时系统的稳定性

延时环节是线性环节，在机械工程的许多系统中存在着延时环节。延时环节的存在将给系统的稳定性带来不利的影响。通常延时环节串联在闭环系统的前向通道或反馈通道中。

图 4-50 所示为具有延时环节的系统方框图，其中 $G_1(s)$ 是除延时环节以外的开环传递函数。

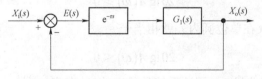

图 4-50　具有延时环节的系统方框图

这时整个系统的开环传递函数为 $G(s) = G_1(s)e^{-\tau s}$。

其开环频率特性、幅频特性和相频特性分别为

$$G(j\omega) = G_1(j\omega)e^{-j\tau\omega}$$

$$|G(j\omega)| = [G_1(j\omega)]$$

$$\angle G(j\omega) = \angle G_1(j\omega) - \tau\omega$$

由此可见，延时环节不改变原系统的幅频特性，而仅仅使相频特性发生变化。

例如，系统中，若

$$G_1(s) = \frac{1}{s(s+1)}$$

则开环传递函数和开环频率特性分别为

$$G(j\omega)\frac{1}{j\omega(j\omega+1)}e^{-j\tau\omega}$$

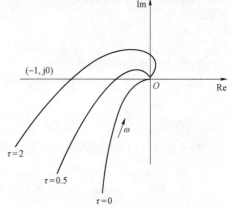

图 4-51 具有延时环节的开环 Nyquist 图

当 τ 取不同值时，即 $\tau=0$，$\tau=0.5$，$\tau=1$，其开环频率特性曲线如图 4-51 所示。由图 4-51 可知，当 $\tau=0$，即系统无延时环节时，奈奎斯特曲线的相位不超过 $-180°$。随着 τ 值得增加，相位滞后也会增加，奈奎斯特曲线向左上方偏转，由第三象限进入第二和第一象限。当 τ 值增加到使奈奎斯特曲线包围点 $(-1, j0)$ 时，闭环系统就不稳定。所以，系统串联延迟环节对系统稳定性是不利的。虽然一般情况下一阶系统或二阶系统总是稳定的，但若存在延时环节，系统也可能变为不稳定。

4.10 由伯德图判断系统的稳定性

对数频率特性稳定性判据，实质上是尼奎斯特稳定性判据的另一种形式，就是利用系统开环伯德图来判别闭环系统的稳定性。

1. 对数频率特性稳定性判据的原理

根据上节尼奎斯特稳定性判据，若一个控制系统，其开环是稳定的，闭环系统稳定的充分必要条件是开环尼氏特性 $G(j\omega)$ 不包围点 $(-1, j0)$。如图 4-52 所示，线 1 对应的闭环系统是稳定的，而特性曲线 2 对应的闭环系统是不稳定的。

如果幅相频率特性 $G(j\omega)$ 与单位圆相交的一点频率为 ω_c，而与实轴相交的一点频率为 ω_g，这样当幅值 $A(\omega) \geqslant 1$ 时（在单位圆上或在单位圆外）就相当于

$$20\lg A(\omega) \geqslant 0$$

当幅值 $A(\omega) < 1$ 时（在单位圆内）就相当于

$$20\lg A(\omega) < 0$$

所以，对应图 4-52 特性曲线 1（闭环系统是稳定的），在点 ω_c 处

$$L(\omega) = 20\lg A(\omega_c) = 0$$
$$\varphi(\omega_c) > -\pi$$

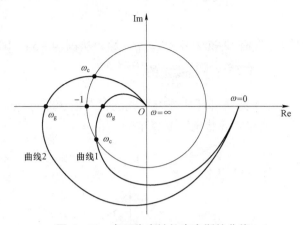

图 4-52 表示稳定性的奈奎斯特曲线

而在点 ω_g 处

$$L(\omega_g) = 20\lg A(\omega_g) < 0$$
$$\varphi(\omega_g) = -\pi$$

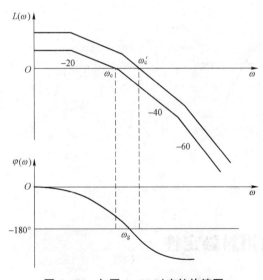

图 4-53 与图 4-52 对应的伯德图

这样把图 4-52 转变成用对数表示时，可以看出：图 4-52 上的单位圆相当于对数幅频特性的零分贝线，而点 ω_g 处相当于对数相频特性的 $-180°$ 轴，如图 4-53 所示。

因此，开环奈氏曲线与点 $(-1, j0)$ 以左实轴的穿越就相当于 $L(\omega) \geq 0$ 的所有频率范围内的对数相频特性曲线与 $-180°$ 线的穿越点。由穿越的定义可知，当 ω 增加时相角增大为正穿越，所以，在对数相频特性图中，$L(\omega) \geq 0$ 范围内开环对数相频特性曲线由下而上穿过 $-180°$ 线时为正穿越，反之，为负穿越。

2. 对数频率特性的稳定性判据

如果系统开环是稳定的（即 $q=0$），则在 $L(\omega) \geq 0$ 的所有频率值下，相角 $\varphi(\omega)$ 不超过 $-\pi$ 线，那么闭环系统是稳定的。

如果系统在开环状态下的特征方程式有 q 个根在复平面虚轴的右边，它在闭环状态下稳定的充分必要条件是：在所有 $L(\omega) \geq 0$ 的频率范围内，对数相频特性曲线 $\varphi(\omega)$ 在 $-\pi$ 线上的正负穿越之差为 $\dfrac{q}{2}$。

例 4.11 已知系统开环特征方程的右根数 q，以及开环伯德图如图 4-54 所示，试判断闭环系统的稳定性。

解：从图 4-54（a）知正负穿越之差为 $1-2=-1\neq\dfrac{q}{2}$，因 $q=2$ 所以这个系统在闭环状态下是不稳定的。

已知系统开环特征方程式有 2 个右根（即 $q=2$），从图 4-54（b）知正负穿越之差为 $2-1=\dfrac{2}{2}$，所以这个系统在闭环状态下是稳定的。

在图 4-54（c）中，这个系统开环特征方程式没有右根（即 $q=0$），从图知正负穿越之差为 $1-1=0$，所以这个系统在闭环状态下是稳定的。

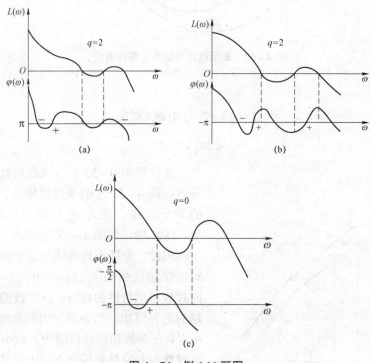

图 4-54 例 4.11 题图

4.11 控制系统的相对稳定性

所谓相对稳定性就是指稳定系统的稳定状态距离不稳定（或临界稳定）状态的程度。反映这种稳定程度的指标就是稳定裕度。对于最小相位的开环系统，稳定裕度就是系统开环极坐标曲线距离实轴上点 $(-1, j0)$ 的远近程度，如图 4-55 所示。这个距离越远，稳定裕度越大，系统的稳定程度越高。

1. 相角裕度

指幅值穿越频率所对应的相位角 $\varphi(\omega_c)$ 与 $-180°$ 角的差值，即

$$\gamma = \varphi(\omega_c) - (-180°) = \varphi(\omega_c) + 180°$$

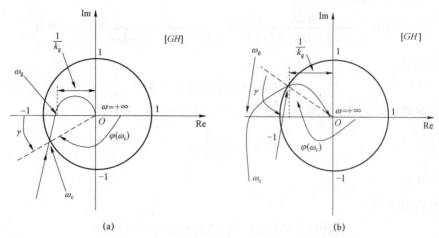

图 4-55 最小相位系统的稳定裕度
(a)($\gamma > 0°$、$k_g > 1$);(b)($\gamma < 0°$、$k_g < 1$)

对于最小相位系统,如果相角裕度 $\gamma > 0°$,系统是稳定的,且 γ 值越大,系统的相对稳定性越好。如果相角裕度 $\gamma < 0°$,系统则不稳定。当 $\gamma = 0°$ 时,系统的开环频率特性曲线穿过 $(-1, j0)$ 点,系统处于临界稳定状态。

2. 幅值裕度

指相位穿越频率所对应的开环幅频特性的倒数值,即

$$k_g = \frac{1}{A(\omega_g)} = \frac{1}{|G(j\omega_g)H(j\omega_g)|}$$

对于最小相位系统,当幅值裕度 $k_g > 1$,系统是稳定的,且 k_g 值越大,系统的相对稳定性越好。如果幅值裕度 $k_g < 1$,系统则不稳定。当 $k_g = 1$ 时,系统的开环频率特性曲线穿过点 $(-1, j0)$,是临界稳定状态。

幅值裕度也可以用分贝数来表示

$$k_g = -20|G(j\omega_g)H(j\omega_g)|$$

注意:

只用增益裕度和相位裕度,都不足以说明系统的相对稳定性,为了确定系统的相对稳定性,必须同时给出这两个量。

对于一般系统,通常要求相角裕度 $\gamma = 30° \sim 60°$,幅值裕度 $k_g > 2$(8~20 dB)。

对于最小相位系统,只有当相位裕度和增益裕度都是正值时,系统才是稳定的。负的裕度表示系统不稳定,适当的相位裕度和增益裕度可以防止系统中元件变化造成的影响,并且指明了频率值。

例 4.12 设某单位负反馈控制系统的开环传递函数为

$$G(s) = \frac{k}{s(s+1)(s+5)}$$

请分别求出 $k=10$ 和 $k=100$ 时，系统的相位稳定裕度和幅值裕度。

解：相位裕度：先求穿越频率

$$A(\omega) = \frac{0.2k}{|s| \times |s+1| \times |0.2s+1|} = \frac{2}{\omega\sqrt{1+\omega^2}\sqrt{1+0.04\omega^2}} \text{（当 } k=10 \text{ 时）}$$

在穿越频率处

$$\omega^2(1+\omega^2)(1+0.04\omega^2) = 4$$

解此方程较困难，可采用近似解法。由于 ω_c 较小（小于2），所以

$$A(\omega) \approx \frac{2}{\omega\sqrt{1+\omega^2}} = 1$$

解得：$\omega_c \approx 1.25$。

穿越频率处的相角为

$$\varphi(\omega_c) = -90 - \tan^{-1}\omega_c - \tan^{-1}0.2\omega_c = -155.38$$

相角裕度为

$$\gamma = 180 + \varphi(\omega_c) = 180 - 155.38 = 24.6$$

幅值裕度：先求相角穿越频率 ω_g

相角穿越频率处 ω_g 的相角为

$$\varphi(\omega_g) = -90 - \tan^{-1}\omega_g - \tan^{-1}0.2\omega_g = -180$$

即 $\tan^{-1}\omega_g + \tan^{-1}0.2\omega_g = 90$。

由三角函数关系得：

$$\omega_g \times 0.2\omega_g = 1$$

解得：$\omega_g = 2.24$。

$$A(\omega_g) = \frac{2}{\omega_g\sqrt{1+\omega_g^2}\sqrt{1+0.04\omega_g^2}} \approx 0.332\,16$$

所以，幅值裕度为

$$k_g = -20\log A(\omega_g) = 9.6 \text{ (dB)}$$

4.12 机械系统动刚度的应用

一个典型的由质量－弹簧－阻尼构成的机械系统的质量块在输入力 $f(t)$ 作用下产生的输出位移为 $y(t)$，其传递函数为

$$G(s) = \frac{Y(s)}{F(s)} = \frac{1}{ms^2+Ds+k} = \frac{1/k}{\frac{1}{\omega_n^2}s^2 + 2\xi\frac{1}{\omega_n}s + 1} \tag{4.38}$$

系统的频率特性为

$$G(j\omega) = \frac{Y(j\omega)}{F(j\omega)} = \frac{1}{\left(1 - \frac{\omega^2}{\omega_n^2}\right) + j\frac{2\xi\omega}{\omega_n}} \quad (4.39)$$

该式反映了动态作用力 $f(t)$ 与系统动态变形 $y(t)$ 之间的关系。

实质上，$G(j\omega)$ 表示的是机械结构的动柔度 $\lambda(j\omega)$，也就是它的动刚度 $K(j\omega)$ 的倒数，即

$$G(j\omega) = \lambda(j\omega) = \frac{1}{K(j\omega)} \quad (4.40)$$

当 $\omega = 0$ 时，有

$$K(j\omega)|_{\omega=0} = \frac{1}{G(j\omega)}\bigg|_{\omega=0} = k \quad (4.41)$$

即该机械结构的静刚度为 k。

当 $\omega \neq 0$ 时，可以写出动刚度 $K(j\omega)$ 的幅值为

$$|K(j\omega)| = \sqrt{\left(1 - \frac{\omega^2}{\omega_n^2}\right)^2 \left(\frac{2\xi\omega}{\omega_n}\right)^2} \cdot k \quad (4.42)$$

其动刚度曲线如图 4-56 所示。对二阶系统幅频特性 $|G(j\omega)|$ 求偏导等于零，即

$$\frac{\partial |G(j\omega)|}{\partial \omega} = 0$$

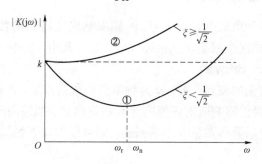

图 4-56 机械系统动刚度曲线

可求出二阶系统的谐振频率，即

$$\omega_r = \omega_n \sqrt{1 - 2\xi^2}, 0 \leq \xi \leq 0.707 \quad (4.43)$$

将其代入幅频特性，可求出谐振峰值为

$$M_r = |G(j\omega_r)| = \frac{1/k}{2\xi\sqrt{1-\xi^2}} \quad (4.44)$$

此时，动柔度最大，而动刚度 $|K(j\omega)|$ 则有最小值：

$$|K(j\omega)|_{\min} = 2\xi\sqrt{1-\xi^2} \cdot k \quad (4.45)$$

可知，当 $\xi \ll 1$ 时，$\omega_r \to \omega_n$，系统的最小动刚度幅值近似为

$$|K(j\omega)|_{\min} \approx 2\xi k \quad (4.46)$$

由此可以看出，增加机械结构的阻尼比能有效提高系统的动刚度。上述有关频率特性、机械阻尼、动刚度等概念及其分析可推广到高阶系统，具有普遍意义，并在工程实践中得到了应用。

4.13 借助 MATLAB 进行控制系统的频域响应分析

4.13.1 频率响应的计算方法

已知系统的传递函数模型为

$$G(s) = \frac{b_1 s^m + b_2 s^{m-1} + \cdots + b_m s + b_{m+1}}{a_1 s^n + a_2 s^{n-1} + \cdots a_n s + a_{n+1}}$$

则该系统的频率响应为

$$G(s) = \frac{b_1 (j\omega)^m + b_2 (j\omega)^{m-1} + \cdots + b_m (j\omega) + b_{m+1}}{a_1 (j\omega)^n + a_2 (j\omega)^{n-1} + \cdots a_n (j\omega) + a_{n+1}}$$

可以由下面的语句来实现。如果有一个频率向量 w，则

```
Gw = polyval(num,sqrt(-1)* w)./polyval(den,sqrt(-1)*w);
```

式中，num 和 den 分别为系统的分子、分母多项式系数向量。

4.13.2 频率响应曲线的绘制

MATLAB 提供了多种求取并绘制系统 P 频率响应曲线的函数，如用伯德图绘制函数 bode( )，用乃奎斯特曲线绘制函数 nyquist( ) 等。其中，bode( ) 函数的调用格式为

```
[m,p] = bode(num,den,w)
```

这里，num，den 和前面的叙述一样，w 为频率点构成的向量，该向量最好由 logspace( ) 函数构成。m，p 分别代表伯德响应的幅值向量和相位向量。如果用户只想绘制出系统的伯德图，而对获得幅值和相位的具体数值并不感兴趣，则可以由以下更简洁的格式调用 bode( ) 函数：

```
bode(num,den,w)
```

或更简洁地

```
bode(num,den)
```

这时该函数会自动地根据模型的变化情况选择一个比较合适的频率范围。

乃奎斯特曲线绘制函数 nyquist( ) 类似于 bode( ) 函数，可以利用 help nyquist 来了解它的调用方法。

在分析系统性能的时候经常涉及系统的幅值裕量与相位裕量的问题，使用 Control 工具箱提供的 margin( ) 函数可以直接求出系统的幅值裕量与相位裕量，该函数的调用格式为

```
[Gm,Pm,wcg,wcp] = margin(num,den)
```

可以看出，该函数能直接由系统的传递函数来求取系统的幅值裕量 Gm 和相位裕量 Pm，并求出幅值裕量和相位裕量处相应的频率值 wcg 和 wcp。

常用频域分析函数如下：
bode——频率响应伯德图；
nyquist——频率响应乃奎斯特图；
nichols——频率响应尼柯尔斯图；
freqresp——求取频率响应数据；
margin——幅值裕量与相位裕量；
pzmap——零极点图。
使用时可以利用它们的帮助，如 Help Bode。

例 4.9 绘制系统 $G(s) = \dfrac{50}{25s^2 + 2s + 1}$ 的伯德图。

解：下列 MATLAB Program1 将给出该系统对应的伯德图，如图 4-57 所示
——MATLAB Program1——
```
num = [0,0,50];
den = [25,2,1]
bode = [num,den]
grid
```

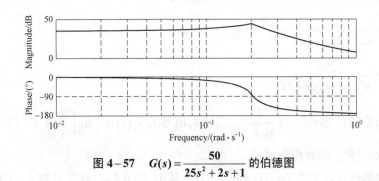

图 4-57 $G(s) = \dfrac{50}{25s^2 + 2s + 1}$ 的伯德图

如果希望从 0.01～100 rad/s，画伯德图，可输入下列命令：
```
w = logspace( - 2,3,100)
bode(num,den,w)
```
该命令在 0.01～100 rad/s 之间产生 100 个在对数刻度上等距离的点。

习　　题

4-1　用分贝（dB）表达下列量：
（1）2；　　（2）5；　　（3）10；　　（4）40；
（5）100；　（6）0.01；　（7）1；　　（8）0。

4-2　某放大器的传递函数 $G(s) = K/(Ts+1)$，今测得其频域响应，当 $\omega = 1$ rad/s 时，频幅 $A = 12/\sqrt{2}$，相频 $\varphi = -45°$。试求放大系数 K 和时间常数 T 各为多少？

4-3　试求下列函数的幅频特性 $A(\omega)$、相频特性 $\varphi(\omega)$、实频特性 $U(\omega)$ 和虚频特性 $V(\omega)$：

(1) $G_1(j\omega) = \dfrac{5}{30j\omega+1}$； (2) $G_2(j\omega) = \dfrac{1}{j\omega(0.1j\omega+1)}$。

4-4 绘制下列各开环传递函数的极坐标图（Nyquist 图）。

(1) $G(s)H(s) = \dfrac{100}{(s+1)(0.1s+1)}$

(2) $G(s)H(s) = \dfrac{100}{\left(\dfrac{s}{2}+1\right)\left(\dfrac{s}{5}+1\right)\left(\dfrac{s}{20}+1\right)}$

(3) $G(s)H(s) = \dfrac{200}{s(s+1)(0.1s+1)}$

(4) $G(s)H(s) = \dfrac{10}{(s+1)(2s+1)(3s+1)}$

(5) $G(s)H(s) = \dfrac{50}{s^2(4s+1)}$

4-5 绘制下列传递函数的对数幅频特性曲线：

(1) $G(s) = \dfrac{2}{(2s+1)(8s+1)}$

(2) $G(s) = \dfrac{200}{s^2(s+1)(10s+1)}$

4-6 已知系统传递函数为 $\dfrac{7}{3s+2}$，当输入信号为 $x_i(t) = \dfrac{1}{7}\sin\left(\dfrac{2}{3}t+45°\right)$ 时，试根据频域特性的物理意义，求系统的稳态响应。

4-7 系统的传递函数为 $G(s) = K/(Ts+1)$，其中 $T=0.5$ s，放大系数 $K=10$，试求在频率 $f=1$ Hz，幅值 $R=10$ 的正弦信号作用下，系统的稳态输出 $x_o(t)$。

4-8 已知最小相位系统的对数幅频渐近曲线如图 4-58 所示，试确定系统的开环传递函数。

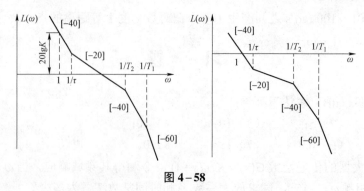

图 4-58

4-9 已知系统开环传递函数

$$G(s)H(s) = \frac{K(\tau s + 1)}{s^2(Ts+1)}$$

试分析并绘制 $\tau > T$ 和 $T > \tau$ 情况下的对数幅频渐进曲线。

4-10 系统的开环传递函数为

$$G(s) = \frac{K(T_a s + 1)(T_b s + 1)}{s^2(T_1 s + 1)}, \quad K > 0$$

试画出下面两种情况的乃奎斯特图：

（1）$T_a > T_1 > 0, T_b > T_1 > 0$；
（2）$T_1 > T_a > 0, T_1 > T_b > 0$。

4-11 已知某二阶反馈控制系统的最大超调量为 25%，试求相应的阻尼比和谐振峰值。

4-12 设单位负反馈控制系统的开环传递函数为

$$G(s)H(s) = \frac{K}{s(0.1s+1)(s+1)}$$

（1）确定使系统的谐振峰值 $M(\omega_r) = 1.4$ 的 K 值；
（2）确定使系统的相位裕量 $r = +60°$ 的 K 值；
（3）确定使系统的幅值裕量 $K_g = +20 \text{ dB}$ 的 K 值。

4-13 控制系统的稳定性的充要条件是什么？

4-14 当单位负反馈系统的开环传递函数为 $G(s) = \dfrac{36}{s(s+1)(s+2)}$ 时，用劳斯判据判断系统闭环稳定性。

4-15 当单位负反馈系统的开环传递函数为 $G(s) = \dfrac{K}{s(s+1)(s+2)}$ 时，若系统闭环稳定，试求出 K 值范围。

4-16 试判闭环系统 $G(s) = \dfrac{1}{s(s-1)(s+2)}$ 的稳定性。

4-17 当单位负反馈系统的开环传递函数为 $G(s) = \dfrac{s+k}{s^3 + 2s^2 + 4s + k}$ 时，请确定 k 为何值时系统是稳定的？

4-18 判别如图 4-59 所示系统的稳定性：

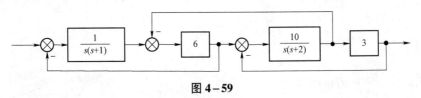

图 4-59

4-19 图 4-60 所示为系统的开环传递函数的极坐标图，试用奈奎斯特稳定性判据判断系统闭环稳定性，并说明理由。（其中，p 为开环传递函数在右半平面的极点数，q 为开环传递函数在原点的极点数）。

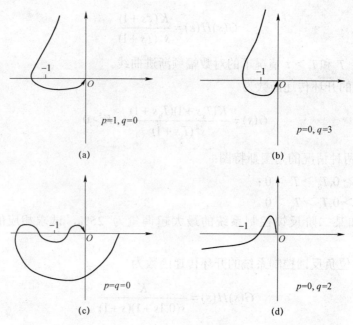

图 4-60

4-20 已知某单位负反馈控制系统的开环传递函数为

$$G(s) = \frac{40}{s(s^2 + 2s + 25)}$$

试求出该系统的幅值裕度和相角裕度。

4-21 设单位反馈控制系统的开环传递函数为 $G(s) = \dfrac{10}{s+1}$，当系统作用有以下输入信号时：

（1） $x_i(t) = \sin(t + 30°)$

（2） $x_i(t) = 2\cos(2t - 45°)$

（3） $x_i(t) = \sin(t + 30°) - 2\cos(2t - 45°)$

试求闭环系统的稳态输出。

4-22 已知作用于系统的输入信号均为 $x_i(t) = \sin 2t$，试求下列反馈控制系统的稳态输出：

（1） $G(s) = \dfrac{5}{s+1}$；$H(s) = 1$。

（2） $G(s) = \dfrac{5}{s}$；$H(s) = 1$。

（3） $G(s) = \dfrac{5}{s+1}$；$H(s) = 2$。

第5章 根轨迹法

本章主要介绍根轨迹的基本概念，根轨迹与系统性能之间的关系。简单介绍绘制系统根轨迹的基本方法，将其应用于系统的分析与综合。

5.1 引　　言

在经典控制理论中，根轨迹占有十分重要的地位，其与时域法、频域法可以称为三分天下。与1877年Routh提出"稳定Routh判据"来研究系统稳定性的研究方法不同，1948年，美国电信工程师W.R.Evans在"控制系统的图解分析"一文中，创新性地提出了根轨迹法。Evans所从事的是飞机导航和控制，其中涉及许多动态系统的稳定问题，他用系统参数变化时特征方程的根变化轨迹来研究。根轨迹法是一种图解法，利用这一方法可以方便地分析系统的性能，确定系统应有的结构和参数，也可用于校正装置的综合。

5.1.1 基本概念

根轨迹的概念：开环系统某一参数 K 从零变化到无穷时，闭环系统特征方程式的根在 s 平面上变化的轨迹。

由于闭环系统极点分布和系统稳定性、动态性能，乃至稳态误差有很密切的关系，但是对于高阶系统来说，基于解析法求根的过程比较复杂，如要研究系统参数变化对闭环特征方程的影响，就需要大量的反复计算，同时还不能看出该参数对系统影响变化的趋势。而根轨迹法是一种图解法，比较直观，便于应用。因此根轨迹对分析系统十分有用。以一个二阶系统举例说明根轨迹的定义。系统方框图如图5-1所示。

系统开环传递函数：$G_K(s) = \dfrac{k}{s(s+1)}$，两个极点：0，-1，无零点；

系统闭环传递函数：$G_K(s) = \dfrac{k}{s^2+s+k}$，特征方程为 $D(s) = s^2+s+k=0$；

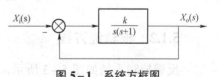

图5-1 系统方框图

闭环极点：$s_{1,2} = s \pm \sqrt{1-4k}$。

表5.1所示为单位阶跃响应性能。

表5.1 单位阶跃响应性能

k	S_1	S_2	单位阶跃响应性能分析
0	0	-1	开环极点

续表

k	S_1	S_2	单位阶跃响应性能分析
$\dfrac{1}{8}$	-0.416	-0.854	$\left(0<k<\dfrac{1}{4}\right)$，$\xi>1$，实根，过阻尼
$\dfrac{1}{4}$	-0.5	-0.5	$\left(k=\dfrac{1}{4}\right)$，$\xi=1$，实根，临界阻尼
$\dfrac{1}{2}$	$-0.5+\mathrm{j}0.5$	$-0.5-\mathrm{j}0.5$	$\left(k=\dfrac{1}{2}\right)$，$\xi=0.707$，最佳阻尼
…	…	…	…
∞	$-0.5+\mathrm{j}\infty$	$-0.5-\mathrm{j}\infty$	k 越大，ξ 越小，振荡性越强

如图 5-2 所示，当系统开环传递函数中开环增益 k 值参数从 0 到 ∞ 连续变化时，闭环系统特征方程的根在 s 平面上移动，从而清晰地绘制出闭环系统特征方程的根轨迹。借助于系统的根轨迹不仅可以在很大范围内研究系统的动态性能，而且可以一目了然地了解系统特征方程根的变化轨迹，从而从总体上掌握系统性能变化动向。

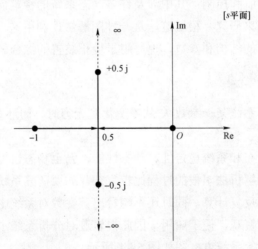

图 5-2 闭环极点随 k 值变化图

5.1.2 根轨迹方程

反馈控制系统如图 5-3 所示。

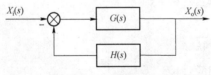

图 5-3 反馈控制系统

系统闭环传递函数为

$$G_\mathrm{b}(s)=\dfrac{G(s)}{1+G(s)H(s)} \qquad (5.1)$$

系统开环传递函数为

$$G_k(s) = G(s)H(s) = k_g \frac{M(s)}{N(s)} = \frac{K_g \prod_{i=1}^{m}(s-z_i)}{\prod_{j=1}^{n}(s-p_j)} \quad (5.2)$$

式中，k_g 为系统根轨迹增益；z_i（$i=1, 2, \cdots, m$）为系统开环传递函数的零点，简称开环零点；p_j（$j=1, 2, \cdots, n$）为系统开环传递函数的极点，简称开环极点。

该系统的闭环特征方程为

$$D(s) = 1 + G(s)H(s) = 0 \quad (5.3)$$

$$G(s)H(s) = -1 \quad (5.4)$$

即

$$\frac{K_g \prod_{i=1}^{m}(s-z_i)}{\prod_{j=1}^{n}(s-p_j)} = -1 \quad (5.5)$$

由于满足上式的任何一个复变量 s 都是系统的闭环极点。向量形式的根轨迹方程可以分解为对应的幅值方程和幅角方程。根据矢量相等可知：

幅值条件：
$$|G(s)H(s)| = 1 \quad (5.6)$$

幅角条件：
$$\angle G(s)H(s) = \pm 180°(2k+1) \quad k = 0, 1, 2\cdots \quad (5.7)$$

即

$$\frac{\prod_{i=1}^{m}|(s-z_i)|}{\prod_{j=1}^{n}|(s-p_j)|} = \frac{1}{k_g} \quad (5.8)$$

$$\sum_{i=1}^{m} \angle(s-z_i) - \sum_{j=1}^{n} \angle(s-p_j) = \pm 180°(2k+1) \quad k = 0, 1, 2\cdots \quad (5.9)$$

式（5.9）表明，根轨迹方程不仅取决于系统开环零极点的分布，同时取决于系统开环根轨迹的增益 k_g。根轨迹的幅角方程仅仅取决于系统开环零极点的分布，而与开环根轨迹的增益 k_g 无关。通常某个满足幅角方程的 s 值，必定也满足幅值方程。因而，幅值条件用来绘制根轨迹，幅角条件用来求取根轨迹上某一点的根增益 k_g。基于以上分析可知：绘制根轨迹的依据是开环零极点分布，遵循的是不变的幅角条件，画出的是闭环极点的轨迹。

5.2 根轨迹的绘制

5.2.1 基本法则

本节讨论根轨迹的若干特性、特征点的求取方法，描述根轨迹作图的基本规则，它是我们绘制根轨迹的依据，掌握好了很容易绘图。

法则 1 根轨迹必对称于实轴：

由于系统开环或闭环的零点、极点，它们或是实数，或是复数，复数必共轭，即对称于实轴，一般只画一半，另一半与实轴对称。

法则 2 根轨迹的条数：

闭环系统特征方程是 n 阶系统，就有 n 条根轨迹。因为 n 阶特征方程，有 n 个根，当 k_g 由 $0\rightarrow\infty$ 连续变化时，系统的 n 个根将在 s 平面上描绘 n 条轨迹分支。

法则 3 根轨迹的连续性：

当根轨迹的增益 k_g 由 $0\rightarrow\infty$ 变化时是连续的，系统闭环特征方程的根也应该是连续变化的，即 s 平面上的根轨迹是连续的。

法则 4 根轨迹的起点和终点：

根轨迹起始于系统的开环极点，终止于系统开环零点。

$$G(s)H(s)k_g \frac{M(s)}{N(s)} = \frac{k_g \prod_{i=1}^{m}(s-z_i)}{\prod_{j=1}^{n}(s-p_j)} = -1$$

即
$$k_g M(s) + N(s) = 0 \tag{5.10}$$

起点：$k_g = 0$，需要满足上式，则必须 $N(s) = 0$，即起始于 $p_1, p_2, \cdots, p_n$。

终点：$k_g \rightarrow \infty$ 时，$\dfrac{M(s)}{N(s)} = \dfrac{\prod_{i=1}^{m}(s-z_i)}{\prod_{j=1}^{n}(s-p_j)} = \dfrac{1}{k_g} \rightarrow 0$，必有 $M(s) \rightarrow 0$，根轨迹必有 m 条终止于 $z_1, z_2, \cdots, z_m$；由于 $n \geq m$，只要 $s \rightarrow \infty$，也能使 $k_g \dfrac{M(s)}{N(s)} = \rightarrow 0$，故另一部分（$n-m$）根轨迹必终止于无穷远处，这时认为系统存在（$n-m$）个无限开环零点。

法则 5 根轨迹的渐近线：

当 $k_g \rightarrow \infty$ 时，有 m 条根轨迹趋向于开环零点，另有 $n-m$ 条根轨迹趋向于无穷远处的渐近线，叫作根轨迹的渐近线。渐近线与实轴的交点为 σ_a。

s 平面远方 $s \rightarrow \infty$ 处，认为所有开环零点、极点引向 s 点的矢量角都相等。

设矢量角为 φ，依据幅角条件 $\sum_{i=1}^{m}\angle(s-z_i) - \sum_{j=1}^{n}\angle(s-p_j) = \pm 180°(2k+1)$，得

$$(n-m)\varphi = \pm 180°(2k+1)$$

即
$$\varphi = \frac{\pm 180°(2k+1)}{(n-m)} \tag{5.11}$$

式中，$k = 0, 1, 2, \cdots, n-m-1$。

由于矢量 $(s-p_j), (s-\sigma_a), (s-z_i)$ 均相等，于是有

$$\sum_{i=1}^{m}(s-z_i) + (n-m)(s-\sigma_a) = \sum_{j=1}^{n}(s-p_j)$$

即
$$\sigma_a = \frac{\sum_{j=1}^{n}p_j - \sum_{i=1}^{m}z_i}{n-m} \tag{5.12}$$

式中，$k = 0, 1, 2, \cdots, n-m-1$。

法则 6 根轨迹的分离点：

根轨迹经常在实轴上分离，分离角通常为 $\pm 90°$。如实轴上两相邻极点间有线段间根轨迹，那么根轨迹从这两点出发并在某点相遇后，就必然要分开移向 s 平面，相遇点就称为分离点。可用求方程重根的方法确定，因为对特征方程而言，分离点相应于方程的重根。从代数学可知，方程 $f(x)=0$，有两个重根的条件是 $f(x_1)=0, f'(x_1)=0$，其中 x_1 为重根。

对应于特征方程：$k_g \dfrac{M(s)}{N(s)} = -1$，即 $k_g M(s) + N(s) = 0$。

有两重根的条件为 $k_g M(s) + N(s) = 0$，$k_g M'(s) + N'(s) = 0$，这也是分离点的必要条件；上式消除 k_g 得 $N(s)M'(s) - N'(s)M(s) = 0$，为了便于记忆，写成

$$\frac{\mathrm{d}[G(s)H(s)]}{\mathrm{d}s} = 0 \tag{5.13}$$

注意求出分离点以后，必须判断，只有当该根确实在实轴根轨迹上，它才是真正的分离点。

法则 7 根轨迹的出射角和入射角：

某些控制系统存在共轭的开环复数零点和极点。在共轭开环复数极点上，根轨迹的切线方向与 s 平面正轴之间的夹角，称之为根轨迹的出射角，基于复数共轭原理，$\theta_{px1} = -\theta_{px2}$；在共轭开环复数零点上，根轨迹的切线方向与 s 平面正轴之间的夹角，称之为根轨迹的入射角，基于复数共轭原理，$\theta_{rx1} = -\theta_{rx2}$。根轨迹的出射角与入射角两角度通常在 $(-180° \sim +180°)$ 之间，可由根轨迹的幅角方程求出。求出根轨迹的出射角与入射角，可以知道根轨迹在起点、终点附近的走向，有助于绘制根轨迹的图形。

设系统存在一对共轭开环复数极点 p_{x1}, p_{x2}，则

$$\sum_{i=1}^{m} \angle(s-z_i) - \sum_{j=1, j \neq x}^{n} \angle(s-p_j) - \angle(s-p_x) = \pm 180°(2k+1)$$

$$\theta_{px1} = \lim_{s \to p_x} \angle(s-p_x) = \lim_{s \to p_x} \left[\mp 180°(2k+1) + \sum_{i=1}^{m} \angle(s-z_i) - \sum_{j=1, j \neq x}^{n} \angle(s-p_j) \right]$$

即

$$\theta_{px1} = 180° + \sum_{i=1}^{m} \angle(p_x - z_i) - \sum_{j=1, j \neq x}^{n} \angle(p_x - p_j) \tag{5.14}$$

同理，设系统存在一对共轭开环复数极点 z_{x1}, z_{x2}，则

$$\theta_{zx1} = 180° - \sum_{i=1}^{m} \angle(z_x - z_i) + \sum_{j=1, j \neq x}^{n} \angle(z_x - p_j) \tag{5.15}$$

法则 8 根轨迹与虚轴的交点：

根轨迹与虚轴相交，说明控制系统有位于虚轴上的闭环极点，此时特征方程含有纯虚数的根，系统处于临界稳定状态。

确定交点的方法：

（1）把 $s = \mathrm{j}\omega$ 代入特征方程式；

（2）利用劳斯判据。

法则 9 实轴上的根轨迹：

在实轴上的某一段上存在根轨迹的条件为：在这一线段右侧的开环极点与开环零点的个数之和为奇数。实轴上的根轨迹，依据幅角条件，可以不必考虑开环的复极点或复零点，因为它们成对出现，用试探法对实轴上开环零点、开环极点加以判断：

(1) 判断点在右边，开环极点、开环零点幅角量为180°；
(2) 判断点在左边，开环极点、开环零点幅角量为0°。

依据幅角条件：

$$\sum_{i=1}^{m}\angle(s-z_i)-\sum_{j=1}^{n}\angle(s-p_j)=\pm 180°(2k+1)$$

只有实轴右侧的开环极点与开环零点对幅角原理有意义，而且只有它们之和为奇数时，它们左侧才有根轨迹。

法则 10 根轨迹的走向：

开环极点之和等于闭环极点之和

$$\sum_{j=1}^{n}s_i=\sum_{i=0}^{m}p_i \tag{5.16}$$

$$D(s)=\prod_{j=1}^{n}(s-p_j)+k_g\prod_{i=1}^{m}(s-z_i)=\prod_{i=1}^{n}(s-s_i),\quad (n-m)\geqslant 2$$
$$=s^n+a_1s^{n-1}+\cdots+a_{n-1}s+a_n$$

即

$$a_1=-\sum_{j=1}^{n}s_i=-\sum_{i=0}^{m}p_i \tag{5.17}$$

由上式可知，a_1 与 k_g 无关，当 k_g 值发生变化时，若闭环的某些根在 s 平面上向左移动时，则其他一些根必定向右移动，方可使得根之和保持不变，从而可以估计根轨迹的变化趋势。

5.2.2 举例

例 5.1 设单位反馈控制系统中 $G(s)=\dfrac{k_g}{s^2(s+2)(s+5)}$，$H(s)=1$。

要求：（1）绘制系统根轨迹图，并判断系统的稳定性；

（2）若 $H(s)=1+2s$，绘制系统根轨迹图，并判断新系统的稳定性及其产生的作用。

解：（1）根据绘制系统的闭环根轨迹图的法则可得：

① $n=4$，即根轨迹有 4 条分支。

② $n=4, m=0, n-m=4$；

4 条根轨迹的起点分别是 $p_{1,2}=0, p_3=-2, p_4=-5$；

4 条根轨迹的终点都趋向于无穷远处。

③ 实轴上的根轨迹为 $[-5,-2]$。

④ 渐近线如下：$\sigma_a=\dfrac{\sum_{j=1}^{n}p_j-\sum_{i=1}^{m}z_i}{n-m}=\dfrac{-2-5}{4-0}=-1.75$

$$\varphi=\dfrac{\pm 180°(2k+1)}{(n-m)}=\pm\dfrac{\pi}{4},\pm\dfrac{3}{4}\pi$$

⑤ 分离点：$\dfrac{d[G(s)H(s)]}{ds}=0$，即 $4s^3-21s^2-20s=0$。

解之得

$d_1 = 0, d_2 = -4, \; d_3 = -1.25$（不合理，舍去）；

根轨迹的分离点为 $d_1 = 0, d_2 = -4$；

根据以上分析，可以绘制系统的根轨迹如图 5-4 所示。

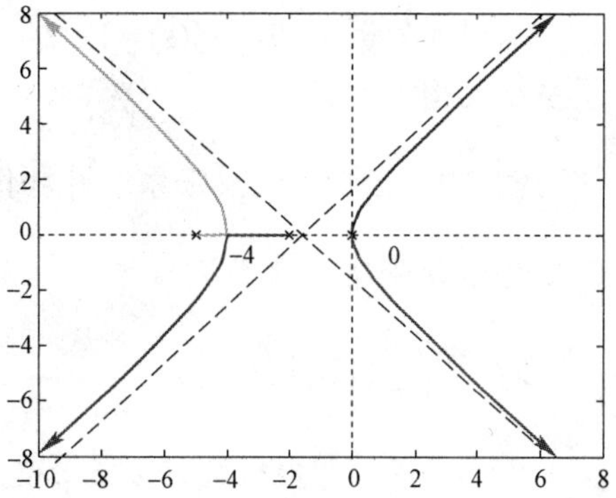

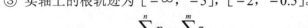

图 5-4 根轨迹

由图 5-4 可知，k_g 由零变化到无穷时，系统特征根始终有在 s 右半平面的，所以系统恒不稳定。

（2）若 $H(s) = 1 + 2s$ 时：

① $n = 4$，即根轨迹有 4 条分支。

② $n = 4, m = 1, n - m = 3$；

4 条根轨迹的起点分别是 $p_{1,2} = 0, p_3 = -2, p_4 = -5$；

有 3 条根轨迹的终点都趋向于无穷远处，还有一条终止于 $z_1 = -0.5$。

③ 实轴上的根轨迹为 $[-\infty, -5]$，$[-2, -0.5]$。

④ 渐近线如下：$\sigma_a = \dfrac{\sum\limits_{j=1}^{n} p_j - \sum\limits_{i=1}^{m} z_i}{n - m} = \dfrac{-2 - 5 - (-0.5)}{4 - 1} = -2.17$

$$\varphi = \dfrac{\pm 180°(2k+1)}{(n-m)} = \pm \dfrac{\pi}{3}, \pi$$

⑤ 与虚轴的交点：$D(s) = s^4 + 7s^3 + 10s^2 + 2k_g s + k_g = 0$，列劳斯表：

s^4	1	10	k_g
s^3	7	$2k_g$	
s^2	$\dfrac{70 - 2k_g}{70}$	k_g	
s^1	$\dfrac{k_g(91 - 4k_g)}{70 - 2k_g}$		
s^0	k_g		

当根轨迹与虚轴相交时，系统临界稳定，所以，

$$\dfrac{k_g(91 - 4k_g)}{70 - 2k_g} = 0$$

即 $k_g = 22.75$

列出辅助方程 $\dfrac{70 - 2k_g}{70} s^2 + k_g = 0$，将 $k_g = 22.75$ 代入上式：

$$24.5 s^2 + 159.25 = 0$$

解得：$s_{1,2} = \pm j2.55$。

由劳斯稳定判据可知，系统稳定的条件是 $0 < k_g < 22.75$。

根据以上分析，可以绘制系统的根轨迹如图 5-5 所示。

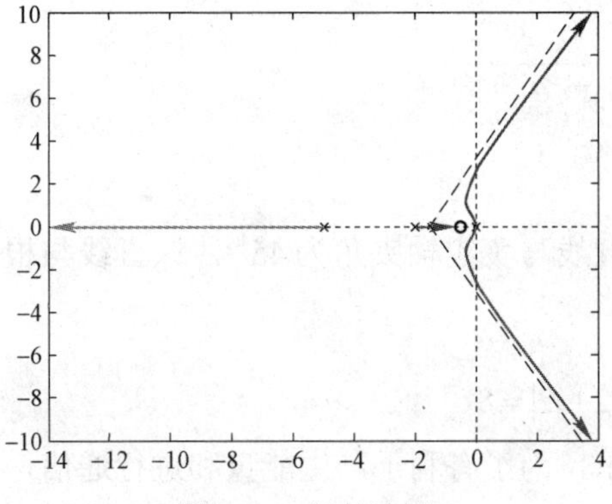

图 5-5 根轨迹图

从以上分析可知，$H(s)=1+2s$，在系统中增加了一个零点，当$0<k_g<22.75$时，改变了系统的稳定性。

例 5.2 已知单位反馈系统开环传递函数为$G_k(s)=\dfrac{k_g}{s(s+4)}$，将$\xi$调整到$\xi=\dfrac{1}{\sqrt{2}}$，求相应的$k_g$值（仅限用根轨迹法）。

解：有题目已知$G_k(s)=\dfrac{k_g}{s(s+4)}$，绘制其根轨迹图：

① $n=4$，即根轨迹有 2 条分支。

② $n=2,m=0,n-m=2$；

4 条根轨迹的起点分别是$p_1=0,p_2=-4$；2 条根轨迹的终点都趋向于无穷远处。

③ 实轴上的根轨迹为$[-4,0]$。

④ 渐近线如下：$\sigma_a=\dfrac{\sum\limits_{j=1}^{n}p_j-\sum\limits_{i=1}^{m}z_i}{n-m}=\dfrac{-4-0}{2-0}=-2$

$\varphi=\dfrac{\pm180°(2k+1)}{(n-m)}=\pm\dfrac{\pi}{2}$（$k<n-m-1=1$）

⑤ 分离点：$\dfrac{d[G(s)H(s)]}{ds}=0$

得$2s+4=0$

即$d=-2$。

根据以上分析，可以绘制系统的根轨迹如图 5-6 所示。

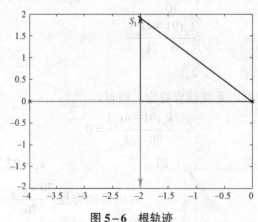

图 5-6 根轨迹

当$\xi=\dfrac{1}{\sqrt{2}}$时，$\beta=\arccos\xi=45°$，过原点作一条直线与负实轴夹角为$45°$，该直线与根轨迹相交于$s=-2+j2$，此时根据幅值方程得

$$k_g=|s_1|\cdot|s_1+4|=|-2-j2|\cdot|2+j2|=8$$

例 5.3 空间站航天器核心舱示意图如图 5-7 所示，为了有利于产生能量和进行通信，必须保持空间站对太阳和地球的合适指向。空间站的方位控制系统可由带有执行机构和控制

器的单位反馈控制系统来表征，其开环传递函数为

$$G(s) = \frac{K^*(s+20)}{s(s^2+24s+144)}$$

试画出 K^* 值增大时的系统概略根轨迹图，求出使系统输出响应产生振荡的 K^* 的取值范围。

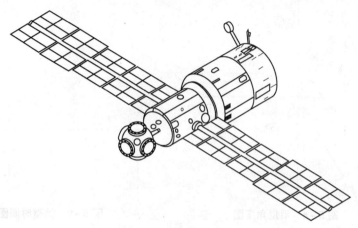

图 5-7 空间站航天器核心舱示意图

解：由开环传递函数

$$G(s) = \frac{K^*(s+20)}{s(s+12)^2}$$

令 K^* 从 $0 \to \infty$，可画出系统概略根轨迹。从根轨迹图可以看出：

渐近线：$\sigma_a = -2, \varphi_a = \pm 90°$

分离点：$\dfrac{1}{d} + \dfrac{2}{d+12} = \dfrac{1}{d+20}$

解得 $d = -4.75$

应用模值条件，可得分离点处的根轨迹增益

$$K_d^* = \frac{\prod_{i=1}^{3}|d-p_i|}{|d-z|} = \frac{4.75 \times 7.25^2}{15.25} = 16.37$$

因而当 $K^* > 16.37$ 时，系统输出将会产生振荡。

5.3 根轨迹的性能分析

根轨迹是闭环可以直观地看出系统参数变化时，闭环极点的变化。根轨迹法分析系统性能的最大优点就是参数，使闭环极点位于恰当的位置，获得理想的系统性能。

本节主要从两个方面简单用根轨迹法分析系统的性能：

定性分析：系统的稳定性，系统的根轨迹是否全部在 s 平面的左半平面。

定量分析：计算性能指标。

（1）阻尼系数：$\xi = \arccos\theta$，阻尼比 $\xi = 0.7$ 对应的阻尼角度位置，如图 5-8 所示。

（2）系统指数衰减系数：$\sigma = \xi\omega_n$；由系统的调整时间 $t_s = 3/\sigma$ ($\Delta \leqslant \pm 5\%$)，可知 σ 决定调整时间 t_s，且 σ 距离虚轴越远则 t_s 越小，如图 5-9 所示。

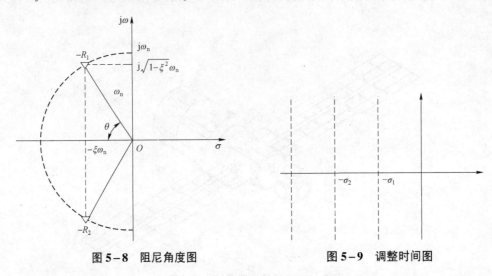

图 5-8　阻尼角度图　　　　图 5-9　调整时间图

5.4　MATLAB 根轨迹应用举例

用 MATLAB 软件，可以方便、准确地绘制出系统的根轨迹，并可以求出根轨迹上任意一点所对应的特征参数，为分析系统的性能提供必要的数据。

1. pzmap

使用该函数可以求系统的零点、极点或绘制系统的零点、极点图。

例 5.4　已知系统的开环传递函数为 $G(s)H(s) = \dfrac{s+4}{s^3 + 3s^2 + 6s + 9}$，试求系统的零点和极点。

解：利用 pzmap 函数可以求出系统的零点和极点，即在 MATLAB 命令窗（Command Window）写入：

　　>>num=[1,4];
　　>>den=[1,3,6,9];
　　>>[p,z]=pzmap(num,den)

回车后，可以得到：

　　p=
　　-2.154 2
　　-0.422 9+1.999 8i
　　-0.422 9-1.999 8i
　　z=-4

例 5.4 的零点、极点图如图 5-10 所示。

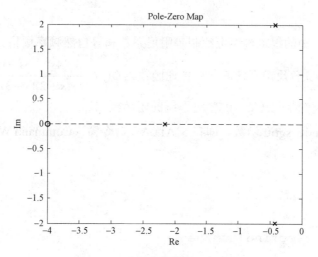

图 5–10　例 5.4 的零点、极点图

2. rlocus

使用该命令可以得到根轨迹图。

例 5.5　已知系统的开环传递函数为 $G(s)H(s) = \dfrac{s+4}{s^3+3s^2+6s+9}$，请绘制系统的根轨迹。

解：利用 rlocus 函数可以绘制系统的根轨迹，即在 MATLAB 命令窗（Command Window）写入：

```
>>num=[1,4];
>>den=[1,3,6,9];
>>rlocus(num,den)
```

例题 5.5 的根轨迹图如图 5–11 所示。

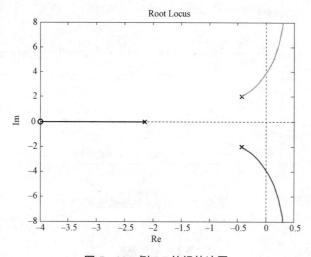

图 5–11　例 5.5 的根轨迹图

3. Rlocfind

使用该函数可以计算根轨迹上给定一组极点对应的增益；

4. sgrid

使用该命令在已知的根轨迹图上绘制等阻尼系数和等自然频率栅格。

例 5.6 已知单位负反馈系统的开环传递函数为 $G(s) = \dfrac{k_g(4s^2 + 3s + 1)}{s(s+2)(s+3)}$，试绘制系统的根轨迹图，确定当系统的阻尼比 $\xi = 0.77$ 时系统的闭环极点。

解：利用 rlocfind、sgrid 函数，即在 MATLAB 命令窗（Command Window）写入：

```
>>num=[4,3,1];
>>den=[3,7,2,0];
>>rlocus(num,den);
>>sgrid;
>>[k,p]=rlocfind(num,den)
```

可以得到

k =
  4.355 0
p =
  -7.495 9
  -0.322 0 + 0.299 9i
  -0.322 0 - 0.299 9i

例 5.6 的根轨迹图如图 5-12 所示。

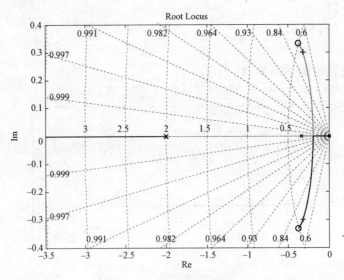

图 5-12 例 5.6 的根轨迹图

习 题

5-1 什么是根轨迹，其作用是什么？

5-2 已知某单位负反馈的开环传递函数为 $G(s) = \dfrac{k(0.25s+1)}{(s^2+1)(0.2s+1)}$，请绘制系统的根轨迹图。提示：先把系统开环传递函数转化为 $G(s) = \dfrac{k_g(s+4)}{(s^2+1)(s+5)}$。

5-3 图5-13（a）所示为V-22鱼鹰型倾斜旋翼飞机示意图。V-22既是一种普通飞机，又是一种直升机。当飞机起飞和着陆时，其发动机位置可以如图5-13（a）示，使V-22像直升机那样垂直起降；而在起飞后，它又可以将发动机旋转90°，切换到水平位置，像普通飞机一样飞行。在直升机模式下，飞机的高度控制系统如图5-13（b）所示。要求：

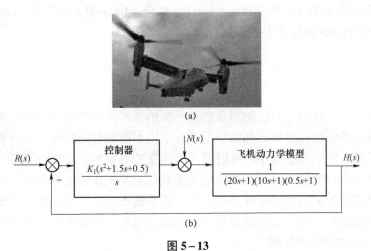

图 5-13

（1）概略绘出当控制器增益 K_1 变化时的系统根轨迹图，确定使系统稳定的 K_1 值范围；

（2）当取 $K_1 = 280$ 时，求系统对单位阶跃输入 $r(t) = 1(t)$ 的实际输出 $h(t)$，并确定系统的超调量和调节时间（$\Delta = \pm 2\%$）；

（3）当 $K_1 = 280$，$r(t) = 0$ 时，求单位阶跃扰动量 $N(s) = 1/s$ 对系统单独作用下，引起的输出量 $h_n(t)$；

（4）在 $R(s)$ 和第一个比较点之间增加一个前置滤波器：

$$G_p(s) = \dfrac{0.5}{s^2 + 1.5s + 0.5}$$

在此条件下，解答第（2）题。

第 6 章　系统校正与 PID 控制

本章主要介绍控制系统的设计与校正，包括校正的概念、校正的方式和实现校正的各项方法；重点介绍目前在工程实践中常用的串联校正，即超前校正、滞后校正、滞后-超前校正，以及反馈校正和 PID【比例（Proportion）-积分（Integral）-微分（Derivative）】调节器，最后介绍 MATLAB 在校正中的作用。

6.1 引　　言

在前面的章节中，介绍了对控制对象进行分析的基本理论和基本方法，涉及的都是分析的问题，即在系统的结构和参数已知的情况下，求出系统的性能指标，并分析性能指标与系统参数之间的关系。在工程实际中，有时预先给定受控对象所要实现的性能，然后设计构成能够实现给定性能指标的控制系统；系统稳定是系统正常工作的必要条件，但是系统除了稳定以外，还必须按照给定的性能指标进行工作。若系统不能全面地满足所要求的性能指标，则就要考虑对系统进行改进，或在原有系统的基础上增加一些必要的元件或环节，使得系统能够全面满足所要求的性能指标。

6.1.1　系统校正的基本概念

为了满足系统的各项性能指标要求，可以调整控制系统的参数。如果调整了系统参数还是达不到要求，就要对系统的结构进行调整，在系统中引入某些附加装置来改变控制系统的结构和参数，称之为系统的校正，以便使引入附加装置后的闭环控制系统能够满足希望的性能要求。

控制系统的设计与校正简单说就是系统的构造和修正。其中，前者是指根据被控对象、输入信号、扰动等条件，设计一个满足给定指标的系统。当系统中固有部分不能满足性能指标时，还必须在系统中加入一些其参数可以根据需要而改变的机构和装置，使系统整个特性发生变化，从而满足给定的性能指标，这些装置称为校正装置。随着计算机技术的发展，现在已有越来越多的校正功能可通过软件来实现。

当被控对象给定后，按照被控对象的工作条件及对系统的性能要求，可以初步选定组成系统的基本元件，如执行元件、放大元件及测量元件的形式、特性和参数，然后，将它们和被控对象连接在一起就组成了所要设计的控制系统，上述元件（除放大元件外）一旦选定，其系统参数和结构就固定了，因此这一部分称为系统的不可变部分。设计控制系统的目的，是将构成控制器的各元件与被控对象适当组合起来，使之满足表征控制精度、阻尼程度和响应速度的性能指标要求。然而在进行系统设计时，经常会出现这种情况：设计出来的系统只是部分指标，而不是全部指标都满足指标要求，就是说，指标间发生了矛盾，比如稳态误差性能达到了，而稳定性却受到影响，如果注意力集中体现在系统的稳定性上，稳态误差却超标了，这样就顾此失彼了。而且，如上所述，各元件一经选定，时间常数改变也是有限的。

因此，想通过改变系统基本元件的参数值来全面满足系统要求是困难的。此时就需要加入校正装置。由此可知，系统的设计过程包括系统不可变部分的选型和校正装置的设计两个步骤。所谓校正，就是在系统中加入一些其参数可以根据需要而改变的机构和装置，使系统整个特性发生变化，从而满足给定的各项指标。

6.1.2 控制系统的性能指标

系统的性能指标是衡量所设计系统是否符合要求的一个标准，通常是由系统的使用者或设计制造单位提出的，不同的控制系统对性能指标的要求应有不同的侧重。例如：调速系统对平稳性和稳态精度要求较高，而随动系统则侧重于快速性要求。

性能指标类型可分为时域性能指标和频域性能指标。

1. 时域性能指标

时域指标比较直观，系统使用者通常以时域指标作为性能指标提出。它包括瞬态性能指标和稳态性能指标。瞬态性能指标一般是在单位阶跃响应输入下，由系统输出的过渡过程给出，通常采用下列 5 个性能指标：延迟时间 t_d、上升时间 t_r、峰值时间 t_p、调节时间 t_s 和超调量 $\sigma\%$；稳态性能指标主要由系统的稳态误差 e_{ss} 来体现，一般可用 3 种误差系数来表示：静态位置误差系数 K_p、静态速度误差系数 K_v 和静态加速度误差系数 K_a。

但由于直接采用时域方法进行校正装置的设计比较困难，通常采用频域方法进行设计，因此作为系统的设计者，通常将时域指标转换为相应的频域指标，然后进行校正装置的设计。

2. 频域性能指标

常用的频域性能指标包括相角裕度 γ、幅值裕度 h、剪切频率 ω_c、谐振峰值 M_r 和闭环带宽 ω_b。

3. 时域和频域性能指标的转换

目前，工程技术界多习惯采用频率法，故通常通过近似公式进行两种指标的互换。由前面几章可知，频域指标与时域指标存在以下关系：

谐振峰值 $$M_r = \frac{1}{2\xi\sqrt{1-\xi^2}}, \quad \xi \leq 0.707$$

谐振频率 $$\omega_r = \omega_n\sqrt{1-2\xi^2}, \quad \xi \leq 0.707$$

带宽频率 $$\omega_b = \omega_n\sqrt{1-2\xi^2 + \sqrt{2-4\xi^2+4\xi^4}}$$

相角裕度 $$\gamma = \arctan\frac{2\xi}{\sqrt{\sqrt{1+4\xi^4}-2\xi^2}}$$

穿越频率 $$\omega_c = \omega_n\sqrt{\sqrt{1+4\xi^4}-2\xi^2}$$

调节时间 $$t_s = \frac{3.5}{\xi\omega_n}(\Delta=5\%) \text{ 或 } t_s = \frac{4.4}{\xi\omega_n}(\Delta=2\%)$$

超调量 $$\sigma\% = e^{-\pi\xi/\sqrt{1-\xi^2}} \times 100\%$$

6.1.3 校正的方式

校正装置的形式及它们和系统其他部分的连接方式，称为系统的校正方式。按校正装置的引入位置和校正装置在系统中与其他部分的连接方式,校正方式通常可分为串联校正、并联校正、反馈校正和复合校正;按校正装置的特性又可分为超前校正、滞后校正、滞后-超前校正。

1. 串联校正

校正装置串联在系统的前向通道中,与系统原有部分串联,称为串联校正。如图6-1所示,$G_0(s)$、$H(s)$为系统的不可变部分,$G_c(s)$为校正环节的传递函数。

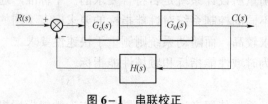

图6-1 串联校正

校正前系统的闭环传递函数为

$$\Phi(s) = \frac{G_0(s)}{1 + G_0(s)H(s)} \tag{6.1}$$

串联校正后系统的闭环传递函数为

$$\Phi(s) = \frac{G_c(s)G_0(s)}{1 + G_c(s)G_0(s)H(s)} \tag{6.2}$$

2. 并联校正

并联校正如图6-2所示。

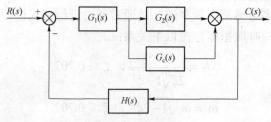

图6-2 并联校正

校正前,系统的闭环传递函数为

$$\Phi(s) = \frac{G_1(s)G_2(s)}{1 + G_1(s)G_2(s)H(s)} \tag{6.3}$$

并联校正后,系统的闭环传递函数为

$$\Phi(s) = \frac{G_1(s)[G_2(s) + G_c(s)]}{1 + G_1(s)[G_2(s) + G_c(s)]H(s)} \tag{6.4}$$

3. 反馈校正

校正装置也可以从系统的某一环节引出反馈信号构成一个反馈通道,如图6-3所示,这样的校正称为反馈校正。

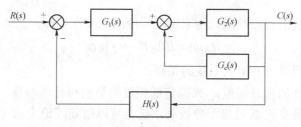

图 6-3 反馈校正

校正前，系统的闭环传递函数为

$$\Phi(s) = \frac{G_1(s)G_2(s)}{1 + G_1(s)G_2(s)H(s)} \tag{6.5}$$

反馈校正后，系统的闭环传递函数为

$$\Phi(s) = \frac{G_1(s)G_2(s)}{1 + G_2(s)G_c(s) + G_1(s)G_2(s)H(s)} \tag{6.6}$$

4. 复合校正

在原系统中加入一条前向通道，构成复合校正，如图 6-4 所示。这种复合校正既能改善系统的稳态性能，又能改善系统的动态性能。

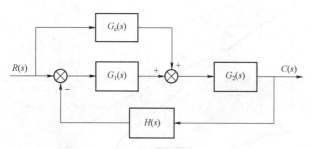

图 6-4 复合校正

上面介绍的几种校正方式，虽然校正装置与系统的连接方式不同，但都可以达到改善系统性能的目的。通过结构图的变换，一种连接方式可以等效的转换成另一种连接方式，它们之间的等效性决定了系统的综合与校正的非唯一性。在工程设计与应用中，究竟选用哪种校正方式，要视具体情况而定。它主要取决于原系统的物理结构、系统中的信号性质，技术实现的方便性、可供选用的元件、抗扰性要求、经济性要求、环境使用条件以及设计者的经验等因素，应根据实际情况，综合考虑各种条件和要求，选择合理的校正装置和校正方式，有时，还可同时采用两种或两种以上的校正方式。

6.1.4 控制系统理想伯德图

如果一个系统的设计指标已经提出，并且已转化为频域指标形式，那么就要在伯德图上体现出来。现在应有一个希望的伯德图作为设计目标，并且设法去做实现设计。

一个希望的伯德图，确切地说，是对它的低频、中频以及高频段提出各自的要求。可以结合各段的特点来绘制希望的伯德图。

1. 低频段

低频段表现了系统的稳态性能，用来实现系统的准确性目标。已知低频段幅频渐近曲线

$$L(\omega) = 20\lg K - \nu \cdot \lg \omega \tag{6.7}$$

式中，K 为系统的开环增益；ν 为系统的型别。

应该根据系统允许的稳态误差 e_{ss} 来确定低频段的型别和开环增益。我们知道，系统型别 ν 的增加对减小稳态误差 e_{ss} 的效果十分显著，甚至可以做到理论上的无差。ν 又可称为无差度阶数。0 型系统是有差系统，1 型系统和 2 型系统分别可称为具有 1 阶和 2 阶无差系统。但是无差度的提高受很多方面制约，在前向环节串入一个纯积分环节很难，即便可行，由于纯积分环节带来 $-90°$ 的相位滞后，也使系统稳定性变坏，所以稳态误差的控制更多地体现在对于系统的开环增益，即静态误差系数的要求上。

绘制希望伯德图的低频段可以这样进行：按照对系统提出的稳态误差要求，决定系统的开环增益 K。然后在 $\omega = 1$ 处过 $20\lg K$(dB) 作低频渐近线，其斜率为 $-20\nu\text{dB}/\text{dec}$。这条渐近线一直延长 $\omega = \omega_1$ 到第一个转折频率，如图 6–5 所示。

这里应注意的是，作出的低频渐近线是保证稳态精度的最低线。因此，希望伯德图的低频段渐近线或它的延长线必须在 $\omega = 1$ 高于或等于 $20\lg K$。

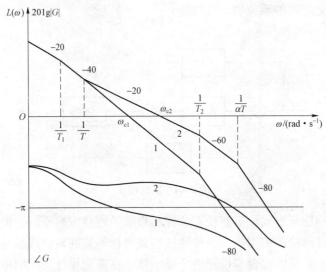

图 6–5 控制系统理想伯德图

2. 中频段

中频段是指理想伯德图幅频特性穿过零分贝线的区段，它的斜率和位置直接与稳定性和动态品质有关。确定中频段有两个要素：幅值穿越频率 ω_c 和决定系统稳定裕量的中频渐近线的长度。

确定幅值穿越频率 ω_c 的因素较多，但其主要依据还是系统的快速性指标，当快速性指标以调节时间 t_s 的形式给出时，下面的近似公式或许有用：

$$\omega_c \approx \frac{3}{t_s} \tag{6.8}$$

上式近似地把 $\dfrac{1}{\omega_c}$ 作为时间常数。

当快速性指标以截止频率（频宽）ω_b 的形式给出时，下面的近似公式或许有用：
$$\omega_c \approx 1.6\omega_b \tag{6.9}$$

ω_c 越大，系统的快速响应能力越强。但这一指标受到物理装置的功率限制，较高的快速性要求意味着较大的功率装置需求，同时，系统的效率也会变得较低。

当选定 ω_c 后，过 ω_c 作斜率为 –20 dB/dec 的斜线作为中频渐近线。中频渐近线的长度直接影响系统的稳定性和稳定裕量。一般地，希望中频线长度不要低于 0.8 十倍频程，且位于中频渐近线的中间位置。这样的话，系统的相位裕量和主导极点的阻尼比通常适中，也兼顾了超调量。例如：相位裕量 $\gamma \approx 30° \sim 70°$，阻尼比 $\xi \approx 0.3 \sim 0.7$。如果必须要以 –40 dB/dec 作为中频渐近线的频率，系统的稳定性就要受到极大影响，即便稳定了，稳定裕量也较难把握。此时，中频渐近线的长度应适当短些。设计与调试过程也更要仔细地反复进行，做到心中有数。

3. 高频段

高频段没什么特别的要求，考虑到高频抗干扰性，只要求高频段斜率有足够的衰减率就可。

4. 校核

所谓理想的伯德图在校正设计后是否满足应予以校验。为方便起见，通常可只对中频段性能，即幅值穿越频率 ω_c 和稳定相位裕量 γ 进行检查。如果相位裕量 γ 不足，可适当延长中频渐近线的长度。

6.2 串联校正

确定校正方案后如何进一步确定校正装置的结构和参数，目前主要有两大类校正方法：综合法与分析法。

综合法又称为期望特性法。它的基本思想是按照设计任务所要求的性能指标，构造期望的数学模型，然后选择校正装置的数学模型，使系统校正后的数学模型等于期望的数学模型。综合法虽然简单，但得到的校正环节的数学模型一般比较复杂，在实际应用中受到限制。

分析法又称为试探法。这种方法是把校正装置归结为易于实现的几种类型。例如，超前校正、滞后校正、滞后–超前校正等，它们的结构是已知的，而参数可调。设计者首先根据经验确定校正方案，然后根据系统的性能指标要求，"对症下药"地选择某一种类型的校正装置，然后再确定这些装置的参数。这种方法设计的结果必须验算，如果不能满足全部性能指标，则应调整校正装置参数，甚至重新选择校正装置的结构，直到系统校正后满足给定的全部性能指标。因此，分析法本质上是一种试探法。分析法的优点是校正装置简单，可以设计成产品，例如工程上常用的各种 PID 调节器等。因此，这种方法在工程中得到了广泛的应用，本节将介绍这种方法。

分析法是针对被校正系统的性能和给定的性能指标，首先选择合适的校正环节的结构，然后用校正方法确定校正环节的参数。在用分析法进行串联校正时，校正环节的结构通常采用超前校正、滞后校正、滞后–超前校正这 3 种类型，也就是工程上常用的 PID 调节器。

根据校正装置的特性，校正装置输出信号在相位上超前于输入信号，即校正装置具有正的相角特性，这种校正装置称为超前校正装置，对系统的校正称为超前校正。校正装置输出信号在相位上落后于输入信号，即校正装置具有负的相角特性，这种校正装置称为滞后校正装置，对系统的校正称为滞后校正。若校正装置在某一频率范围内具有负的相角特性，而在另一频率范围内却具有正的相角特性，这种校正装置称为滞后-超前校正装置，对系统的校正称为滞后-超前校正。

应用频域法对系统进行校正，其目的是改变频率特性的形状，使校正后的系统频率特性具有合适的低频、中频和高频特性以及足够的稳定裕量，从而满足所要求的性能指标。

频率特性法设计校正装置主要是通过对数频率特性（伯德图）来进行，开环对数频率特性的低频段决定系统的稳态误差，根据稳态性能指标确定低频段的斜率和高度。

为保证系统具有足够的稳定裕量，开环对数频率特性在穿越频率 ω_c 附近的斜率应为 $-20\ \mathrm{dB/dec}$，而且应具有足够的中频宽度，为抑制高频干扰的影响，高频段应尽可能迅速衰减。用频域法进行校正时，动态性能指标以相角裕量、幅值裕量和开环穿越频率等形式给出。若给出时域性能指标，则应换算成开环频域指标。

本节主要针对单输入单输出线性定常系统的串联校正展开讨论。重点介绍超前校正装置、滞后校正装置和滞后-超前校正装置的特性，确定合适的校正装置传递函数，以改善系统的特性，使系统达到所要求的性能指标。

6.2.1 串联超前校正网络

系统是稳定的，系统的稳态误差 e_{ss} 等稳态性能指标也满足要求，但系统的动态指标不满足要求，例如快速性不够。因此必须改变伯德图曲线的中频部分，如提高穿越频率 ω_c。还有一种情况就是系统不稳定或稳定裕量不够，那么就要提高相位稳定裕量 γ，这时应选用串联超前校正。

1. 串联超前校正网络特性

图 6-6 所示为 RC 网络构成的超前校正装置，该装置的传递函数为

$$G_c(s) = \frac{X_o(s)}{X_i(s)} = \frac{R_2}{R_1 + R_2} \cdot \frac{R_1 C s + 1}{\frac{R_2}{R_1 + R_2} R_1 C s + 1} = \frac{1}{\alpha} \cdot \frac{\alpha T s + 1}{T s + 1} \tag{6.10}$$

式中，$\alpha = \frac{R_1 + R_2}{R_2} > 1$，$T = \frac{R_1 R_2}{R_1 + R_2} C$。超前校正网络的零极点分布图如图 6-7 所示，从零极点图可以看出，超前校正网络的零点位于极点的右边，二者之间的距离由常数 α 决定。通常把 α 称为分度系数，T 为时间常数。另外，从式（6.10）可以看出，系统开环增益要下降 $\frac{1}{\alpha}$，为了补偿超前网络带来的幅值衰减，通常在校正装置前同时串入一个放大倍数为 α 的放大器。超前校正网络加放大器后，校正装置的传递函数为

$$G_c'(s) = \frac{1 + \alpha T s}{1 + T s} \quad (\alpha > 1) \tag{6.11}$$

式中，参数 α，T 为可调。可见，这里的校正环节的结构是确定的，但参数可调，现在的任务就是确定参数 α，T，使系统满足给定的性能指标。

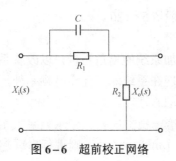 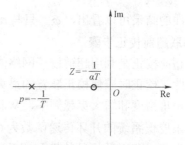

图 6-6 超前校正网络　　　　　图 6-7 超前校正网络的零极点分布

超前校正的伯德图如图 6-8 所示。可见，超前校正对频率在 $\frac{1}{\alpha T} \sim \frac{1}{T}$ 之间的输入信号有微分作用，在该频率范围内，超前校正具有超前相角，"超前校正"的名称由此而得。超前校正的基本原理就是利用超前相角补偿系统的滞后相角，改善系统的动态性能，如增加相角裕度，提高系统稳定性能等。

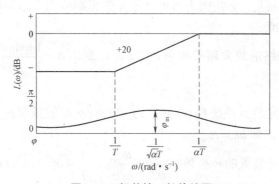

图 6-8 超前校正的伯德图

下面先求取超前校正的最大超前相角 φ_m 及取得最大超前相角时的频率 ω_m，这对于设计超前校正是很重要的。

超前校正传递函数的频率特性

$$G_c(j\omega) = \frac{1+j\alpha\omega T}{1+j\omega T} \tag{6.12}$$

相频特性

$$\varphi_c(\omega) = \arctan \alpha\omega T - \arctan \omega T$$

令 $\dfrac{\mathrm{d}\varphi_c(\omega)}{\mathrm{d}\omega} = \dfrac{\alpha T}{1+(\alpha\omega T)^2} - \dfrac{T}{1+(\omega T)^2} = 0$，求得最大超前角频率

$$\omega_{\max} = \frac{1}{\sqrt{\alpha} T} \tag{6.13}$$

于是最大超前相角

$$\varphi_{\max} = \arcsin \frac{\alpha-1}{\alpha+1} \tag{6.14}$$

即当 $\omega_{\max} = \dfrac{1}{\sqrt{\alpha} T}$ 时，超前相角最大为 $\varphi_{\max} = \arcsin \dfrac{\alpha-1}{\alpha+1}$。

从上面的结果可以看出，φ_{max} 只与 α 有关，α 一般取 $5\sim20$。

2. 串联超前校正步骤

串联超前校正是利用超前校正网络的正相角来增加系统的相角裕量，以改善系统的动态特性。因此，校正时应使校正装置的最大超前相角出现在系统的开环穿越频率处，提高校正后系统的相角裕度和增大穿越频率，从而改善系统的动态性能。

假设未校正系统的开环传递函数为 $G_o(s)$，系统给定稳态误差、穿越频率、相位裕量和增益裕量指标，其对数幅频特性和相频特性分别为 $L_o(\omega)$，$\varphi_o(\omega)$，则进行串联超前校正的一般步骤可归纳如下：

（1）根据所要求的稳态性能指标，确定系统的开环增益。

（2）绘制确定开环增益的 $G_o(s)$ 系统伯德图，并求出系统的相位裕量 γ_o。

（3）确定为使相角裕量达到要求值，所需增加的超前相角 φ_c，即

$$\varphi_c = \gamma - \gamma_o + \varepsilon$$

式中，γ 为要求的相位裕量；ε 是因为考虑到校正装置影响到穿越频率的位置而附加的相角裕量，一般取 $\varepsilon = 5°\sim 20°$。

（4）令超前校正网络的最大超前相角 $\varphi_{max} = \varphi_c$，则由 $\alpha = \dfrac{1+\sin\varphi_{max}}{1-\sin\varphi_{max}}$ 求出校正装置的参数 α。

（5）在伯德图上确定校正系统 $G_o(s)$ 幅值为 $-20\lg\sqrt{\alpha}$ 时的频率 ω_{max}，该频率作为校正后系统的开环穿越频率 ω_c，即 $\omega_c = \omega_{max}$。

（6）由 ω_{max} 确定校正装置的转折频率 $\dfrac{1}{\alpha T} = \dfrac{\omega_{max}}{\sqrt{\alpha}}$、$\dfrac{1}{T} = \omega_{max}\sqrt{\alpha}$，故超前校正装置的传递函数为 $G_c(s) = \dfrac{1+\alpha Ts}{1+Ts}$。

（7）画出校正后系统的伯德图，校正后系统的开环传递函数为 $G(s) = G_o(s)G_c(s)$。

（8）检验系统的性能指标。

以下举例说明超前校正的具体过程。

例 6.1 设单位反馈系统的开环传递函数为 $G_o(s) = \dfrac{500K}{s(s+5)}$，试设计超前校正装置 $G_c(s)$，使校正后系统满足如下指标：（1）当 $r = t$ 时，系统速度误差系数 $K_v = 100$；（2）相位裕度 $\gamma^* \geq 45°$。

解：将系统开环传递函数化为时间常数的标准式

$$G_o(s) = \dfrac{100K}{s(0.2s+1)}$$

由题意，有

$$K_v = 100K = 100$$

取 $K = 1$，则待校正系统的开环传递函数为

$$G_o(s) = \dfrac{100}{s(0.2s+1)}$$

绘制出待校正系统的对数幅频特性渐近曲线，如图 6-9 中曲线 $L_o(\omega)$ 所示。由图 6-9 得待校正系统的穿越频率 $\omega_c = 22.4 \text{ rad/s}$，算出待校正系统的相位裕度为

$$\gamma_o = 180° - 90° - \arctan 0.2\omega_c = 12.6°$$

根据题目要求，有

$$\varphi_c = \gamma - \gamma_o + \varepsilon = 45° - 12.6° + 8° = 40.4°$$

令 $\varphi_{max} = \varphi_c$，则由

$$\alpha = \frac{1 + \sin\varphi_{max}}{1 - \sin\varphi_{max}} = 4.7$$

取 $-10\lg\alpha = -10\lg 4.7 = -6.7 \text{ (dB)}$ 处的 ω 为校正后系统的开环穿越频率，即 ω_c'。

$$\omega_c' = \omega_{max} = 32.9 \text{ rad/s}$$

根据 $T = \dfrac{1}{\omega_m\sqrt{\alpha}}$，可求得

$$T = 0.014$$

因此超前校正装置的传递函数为

$$G_c(s) = \frac{1 + 4.7 \times 0.014s}{1 + 0.014s} = \frac{1 + 0.066s}{1 + 0.014s}$$

校正后系统的传递函数为

$$G(s) = \frac{100}{s(0.2s+1)}\frac{1 + 0.066s}{1 + 0.014s}$$

图 6-9 中 $L_c(\omega)$ 为校正装置的对数幅频特性渐近线，$L(\omega)$ 为校正后系统的对数幅频渐近曲线。

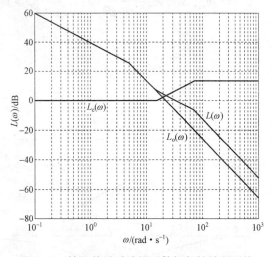

图 6-9　校正前后系统的对数幅频特性渐近线

超前校正利用了超前网络相角超前的特性，改变了校正前系统的开环中频段的斜率，使系统的穿越频率 ω_c、相角裕度 γ 均有所改善，从而有效改善系统的动态性能。

6.2.2 串联滞后校正网络

系统是稳定的,系统的快速性等动态性能指标要求也满足要求,但稳态性能不够,如稳态误差 e_{ss},因此必须提高开环增益 K 以减小稳态误差 e_{ss},改善系统的低频段性能,同时应维持中高频性能不变,这时应采用串联滞后校正。

1. 串联滞后校正网络特性

图 6-10 所示为 RC 网络构成的无源滞后校正装置,该装置的传递函数为

$$G_c(s) = \frac{1+\beta Ts}{1+Ts} \tag{6.15}$$

式中,$\beta = \dfrac{R_2}{R_1+R_2} < 1$;$T = (R_1+R_2)C$;$\beta$ 称为滞后网络的分度系数。滞后网络的零极点分布如图 6-11 所示,极点位于零点的右边,具体位置与 β 有关。

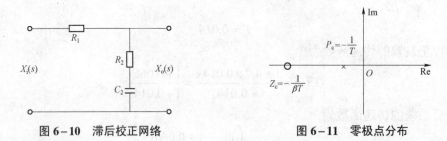

图 6-10 滞后校正网络　　　　图 6-11 零极点分布

滞后校正的伯德图如图 6-12 所示。从伯德图相频特性曲线可以看出,在 $\dfrac{1}{T} \sim \dfrac{1}{\beta T}$ 频率范围内,具有相位滞后,"滞后校正"的名称由此而得。与超前网络类似,最大滞后角 φ_{max} 发生在最大滞后角频率 ω_{max} 处,且 ω_{max} 正好是 $\dfrac{1}{T} \sim \dfrac{1}{\beta T}$ 的几何中心。计算 ω_{max} 及 φ_{max} 的公式分别为

$$\omega_{max} = \frac{1}{T\sqrt{\beta}} \tag{6.16}$$

$$\varphi_{max} = \arcsin \frac{1-\beta}{1+\beta} \tag{6.17}$$

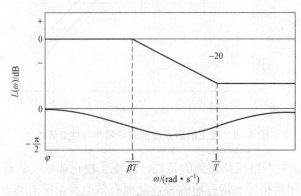

图 6-12 滞后校正的伯德图

在应用滞后网络校正时,最大滞后角对应频率应远小于穿越频率 ω_c,使滞后校正网络的负相角不影响系统的相角裕量。通常使网络的交接频率 $\dfrac{1}{\beta T}$ 远小于 ω_c,一般取 $\dfrac{1}{\beta T} = \dfrac{\omega_c}{10}$。

2. 串联滞后校正步骤

串联滞后校正装置还可以利用其低通滤波特性,将系统高频部分的幅值衰减,降低系统的穿越频率,提高系统的相角裕量,以改善系统的稳定性和其他动态性能,但应同时保持未校正系统在要求的开环穿越频率附近的相频特性曲线基本不变。

假设未校正系统的开环传递函数为 $G_o(s)$,其对数幅频特性和相频特性分别为 $L_o(\omega)$ 和 $\varphi_o(\omega)$,则设计滞后校正装置的一般步骤可以归纳如下:

(1)根据给定的稳态误差或静态误差系数要求,确定开环增益 K。

(2)根据确定的 K 值绘制未校正系统的伯德图,确定其穿越频率 ω_c、相位裕量 γ_o。

(3)在伯德图上求出未校正系统相角裕量为 $\gamma = \gamma^* + \varepsilon$ 的频率 ω_c。ω_c 作为校正后系统的穿越频率,ε 用来补偿滞后校正网络产生的相角滞后,一般取 $\varepsilon = 5° \sim 15°$;其中 $\gamma(\omega) = 180° + \varphi_o(\omega) = 180° + \angle G_o(j\omega)$;$\gamma^*$ 为系统要求的相位裕量。

(4)在伯德图上求出未校正系统 $L_o(\omega)$ 在 ω_c 处的值,令 $L_o(\omega_c) = -20\lg\beta$,求 β。

(5)为保证滞后校正网络对系统的相频特性基本不受影响,确定滞后网络的转折频率 $\dfrac{1}{\beta T} = \dfrac{\omega_c}{10}$、$\dfrac{1}{T} = \dfrac{\omega_c}{10}\beta$。

(6)滞后校正网络的传递函数为 $G_c(s) = \dfrac{1 + \beta T s}{1 + T s}$。

(7)画出校正后系统的伯德图,校正后系统的开环传递函数为 $G(s) = G_o(s) G_c(s)$。

(8)校验系统的性能指标。

以下举例说明滞后校正的具体过程。

例 6.2 设单位负反馈控制系统的开环传递函数为

$$G_o(s) = \dfrac{K}{s(s+1)(0.2s+1)}$$

试设计滞后校正装置 $G_c(s)$,使校正后系统满足以下指标:

(1)静态速度误差系数 $K_v = 8$;(2)相位裕量 $\gamma^* \geq 40°$

解: 由题意,取 $K = K_v = 8$,则待校正系统的开环传递函数为

$$G_o(s) = \dfrac{8}{s(s+1)(0.2s+1)}$$

画出待校正系统的对数幅频渐近特性曲线,如图 6-13 中 $L_o(\omega)$ 所示。由图 6-12 中可得待校正系统的穿越频率 $\omega_{c_o} = 2.83$ rad/s,求出待校正系统的相角裕度为

$$\gamma_o = 180° - 90° - \arctan 2.83 - \arctan(0.2 \times 2.83) = -10.05°$$

在 $L_o(\omega)$ 上找出相角裕度为 $\gamma = \gamma^* + 10° = 40° + 10° = 50°$ 的频率 ω_c,把它作为校正后系统的穿越频率。由于

$$\gamma = 180° - 90° - \arctan \omega_c - \arctan 0.2\omega_c = 50°$$

即

$$\arctan \omega_c + \arctan 0.2\omega_c = 40°$$

$$\arctan \frac{\omega_c + 0.2\omega_c}{1 - 0.2\omega_c^2} = 40°$$

则可解得

$$\omega_c = 0.644 \text{ rad/s}$$

令 $L_o(\omega_c) = -20\lg\beta$，由于

$$L_o(\omega_c) = 21.88 \text{ dB}$$

解得

$$\beta = 12.42$$

确定滞后校正装置的转折频率

$$\frac{1}{T} = \frac{\omega_c}{8} = 0.08 \text{ rad/s}$$

$$\frac{1}{\beta T} = 0.006\ 4 \text{ rad/s}$$

于是，相位滞后校正装置的传递函数为

$$G_c(s) = \frac{1+Ts}{1+\beta Ts} = \frac{1+12.5s}{1+156.25s}$$

其对数幅频渐近特性曲线如图 6-12 中 $L_c(\omega)$ 所示。

故校正后系统的开环传递函数为

$$G(s) = G_c(s)G_o(s) = \frac{8}{s(s+1)(0.2s+1)} \cdot \frac{1+12.5s}{1+156.25s}$$

其对数幅频渐近特性曲线如图 6-13 中 $L(\omega)$ 所示。

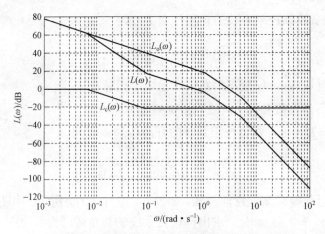

图 6-13 校正前后系统的对数幅频特性渐近线

6.2.3 串联滞后–超前校正网络

超前校正通常可以改善控制系统的快速性和超调量，但增加了带宽，对于稳定裕量较大的系统是有效的。而滞后校正可改善超调量及相对稳定度，但往往会因带宽减小而使快速性

下降。因此,这两种校正都各有其优点和缺点。而且,对某些系统来说,无论用其中何种方案都不能得到满意的效果。因此,兼用两者的优点把超前校正和滞后校正结合起来,并在结构设计时设法限制他们的缺点,这就是滞后-超前校正的基本思想。

系统是稳定的,但无论穿越频率 ω_c 及稳定裕量 γ 等动态指标还是稳态误差 e_{ss} 等稳态指标都不够,这时应综合超前校正和滞后校正的特点,采用滞后-超前校正。

1. 串联滞后-超前校正网络特性

超前网络串入系统,可提高稳定性、增加频宽提高快速性,但无助于稳态精度;而滞后校正则可提高稳定性及稳态精度,而降低了快速性。若同时采用滞后和超前校正,将可全面提高系统的控制性能。

图 6-14 所示为 RC 滞后-超前校正网络,其传递函数为

$$G_c(s) = \frac{(1+T_a s)(1+T_b s)}{(1+aT_a s)\left(1+\dfrac{T_b}{a}s\right)} \tag{6.18}$$

式中,$T_a = R_1 C_1$、$T_b = R_2 C_2$、$T_{ab} = R_1 C_2$;$\dfrac{(1+T_a s)}{(1+aT_a s)}$ 为网络的滞后部分;$\dfrac{(1+T_b s)}{\left(1+\dfrac{T_b}{a}s\right)}$ 为网络的超前部分。对于式 (6.18) 给出的滞后-超前校正网络,滞后部分的零极点更靠近原点,其零极点分布如图 6-15 所示。

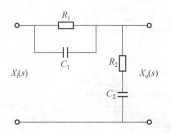

图 6-14 RC 滞后-超前校正网络

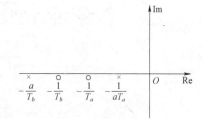

图 6-15 零极点分布

2. 串联滞后-超前校正的效能

滞后-超前校正的实质是综合利用超前网络的相角超前特性和滞后网络幅值衰减特性来改善系统的性能。应用频域法设计滞后-超前校正装置,其中超前部分可以提高系统的相角裕量,同时使频带变宽,改善系统的动态特性;滞后部分则主要用来提高系统的稳态特性。无源滞后-超前校正网络的对数幅频渐近特性和相频特性如图 6-16 所示。

从图 6-16 中可以看出,曲线的低频部分具有负斜率、负相移,起滞后校正作用;中频和高频部分具有正斜率、正相移,起超前校正作用。由此可见,滞后-超前校正器的滞后校正部分主要用来改变开环系统在低频段的特性,而超前部分主要用来改变开环系统在中频段和高频段的频率特性。

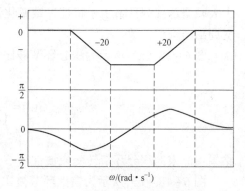

图 6-16 滞后-超前校正伯德图

6.2.4 串联超前、串联滞后和串联滞后–超前校正的比较

前面通过例题分别介绍了超前、滞后和滞后–超前校正装置设计的详细步骤。从中可以看到，在设计中应灵活运用各种校正装置的特点来达到设计目的，满足设计指标的要求。比较一下三种串联校正方案的特点：

(1) 超前校正主要是利用相位超前角；而滞后校正主要是利用其高频衰减特性。

(2) 超前校正增大了相位裕量和频宽，这意味着快速性指标的改善。在不需要过高的快速性指标的情况下，应采用滞后校正。

(3) 滞后校正改善了稳态准确性指标，但它并不改善快速性指标，甚至还可能使其减小，使动态响应变得缓慢。

(4) 如果需要兼顾稳定性、快速性和准确性等技术性能指标，可使用滞后–超前校正。

6.3 反馈校正

反馈校正可理解为现代控制理论中的状态反馈，在控制系统中得到了广泛的应用，常见的有被控量的速度反馈、加速度反馈以及复杂系统的中间变量反馈等，如图6-17所示。

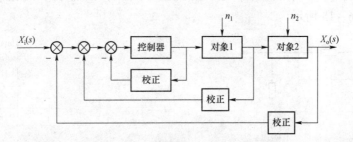

图6-17 反馈校正的联结形式

在随动系统的调速系统中，转速、加速度、电枢电流等都可用作反馈信号源，而具体的反馈元件实际上就是一些测量传感器，如测速发电机、加速度计、电流互感器等。

从控制的观点来看，反馈校正比串联校正有其突出的优点，它能有效地改变被包围环节的动态结构和参数；另外，在一定条件下，反馈校正甚至能完全取代被包围环节，从而可以大大减弱这部分环节由于特性参数变化及各种干扰给系统带来的不利影响，利用反馈校正改变局部结构和参数。

图6-18(a) 所示为积分环节被比例（放大）环节所包围。其回路传递函数为

$$G(s) = \frac{K/s}{(KK_H/s)+1} = \frac{\frac{1}{K_H}}{\frac{s}{KK_H}+1} \qquad (6.19)$$

结果由原来的积分环节转变成惯性环节。

图6-18(b) 所示为惯性环节被比例环节所包围，则回路传递函数为

$$G(s) = \frac{\dfrac{K}{Ts+1}}{1+\dfrac{KK_H}{Ts+1}} = \frac{\dfrac{K}{1+KK_H}}{\dfrac{Ts}{1+KK_H}+1} \tag{6.20}$$

结果仍为惯性环节,但是时间常数减小,反馈系数 K_H 越大,时间常数越小。作为代价,静态放大倍数减小了同样的倍数。

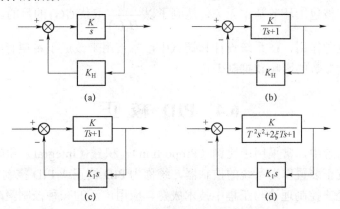

图 6-18 局部反馈回路

图 6-18（c）所示为惯性环节被微分环节包围,则回路传递函数为

$$G(s) = \frac{\dfrac{K}{Ts+1}}{1+\dfrac{KK_1 s}{Ts+1}} = \frac{K}{(T+KK_1)s+1} \tag{6.21}$$

结果仍为惯性环节,但是时间常数增大了。反馈系数 K_1 越大,时间常数越大。

有时可用于使原系统中各环节的时间常数相互拉开,从而改善系统的动态平衡性。图 6-18（d）中振荡环节被微分反馈包围后,回路传递函数经变换整理为

$$G(s) = \frac{K}{T^2 s^2 + (2\xi T + KK_1)s + 1} \tag{6.22}$$

结果仍为振荡环节,但是阻尼比却显著加大,从而使系统相对稳定性提高,有时可用于改善阻尼过小的不利影响。

利用反馈校正有时可取代局部结构,其前提是开环放大倍数足够大。设前向通道传递函数为 $G_1(s)$,反馈为 $H_1(s)$,则局部闭环传递函数为

$$G(s) = \frac{G_1(s)}{1+G_1(s)H_1(s)}$$

频率特性

$$G(j\omega) = \frac{G_1(j\omega)}{1+G_1(j\omega)H_1(j\omega)}$$

在一定频率范围内,如能选择结构参数,使

$$|G_1(j\omega)H_1(j\omega)| \gg 1$$

则
$$G(j\omega) \approx \frac{1}{H_1(j\omega)} \tag{6.23}$$

这表明局部闭环传递函数的传递函数为

$$G(s) \approx \frac{1}{H_1(s)} \tag{6.24}$$

如此，传递函数与被包围环节基本无关，达到了以 $\frac{1}{H_1(s)}$ 取代 $G(s)$ 的目的。

反馈校正的这种作用，在系统设计和调试中，常被用来改造不希望有的某些环节，以及消除非线性、时变参数的影响和抑制干扰。

6.4 PID 校 正

在工程控制系统中，常采用由比例（Proportion）、积分（Integral）和微分（Derivation）控制策略形成的校正装置作为系统的控制器，统称为 PID 校正或 PID 控制。

PID 控制是经典控制理论与工程中技术成熟、应用广泛的一种控制策略，经过长期的工程实践，已形成了一套完整的控制方法和典型的结构。它不仅适用于数学模型确定的控制系统，而且对于大多数数学模型难以确定的工业过程也可应用。PID 控制参数整定方便，结构改变灵活，在众多工业过程控制中取得了满意的应用效果。

PID 控制器是串联在系统的前向通道中的，因而也属于串联校正。随着计算机技术的迅速发展，将 PID 控制数字化，在计算机控制系统中实施数字 PID 控制，已成为一个新的发展趋势。因此，PID 控制是一种很重要、很实用的控制规律，由于它在工业中应用极为广泛，认识其特性十分重要。

PID 控制器在控制系统中的位置如图 6-19 所示。在计算机控制系统广为应用的今天，PID 控制器的控制策略已越来越多地由代码来实现。

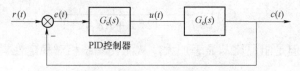

图 6-19　PID 控制器在控制系统中的位置

PID 校正的物理概念十分明确，比例、积分、微分等概念不仅可以应用于时域，也可以应用于频域。设计工程师、现场工程师、供方和需方等都可以从自身的角度去审视、理解和调式 PID 控制器，这也是 PID 校正得以普及的一大原因。

所谓 PID 校正，就是对偏差信号进行比例、积分、微分运算后，形成的一种控制规律。即控制器输出为

$$u(t) = K_P e(t) + K_I \int_0^t e(\tau) d\tau + K_D \frac{d}{dt} e(t) \tag{6.25}$$

式中，$K_P e(t)$ 为比例控制项，K_P 称为比例系数；$K_I \int_0^t e(\tau) d\tau$ 为积分控制项，K_I 称为积分系

数；$K_D \dfrac{d}{dt}e(t)$ 为微分控制项，K_D 称为微分系数。

上述三项中，可以有各种组合，除了比例控制项是必须有的，积分控制项和微分控制项则要根据被控系统的情况选用，所以一共有四种组合：P、PD、PI 和 PID 等控制器。

以下讨论各种组合的控制策略。

6.4.1 P 控制——比例控制器

比例控制器如图 6-20 所示。

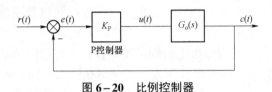

图 6-20 比例控制器

其关系式为

$$u(t) = K_P e(t) \tag{6.26}$$

传递函数为

$$G_c(s) = K_P \tag{6.27}$$

式中，K_P 为比例系数，又称比例控制器的增益。

比例控制器实质上是一个系数可调的放大器，显然，调整 P 控制的比例系数 K_P，将改变系统的开环增益，从而对系统的性能产生影响。

若增大 K_P，将增加系统的开环增益，使系统的伯德图的幅频曲线上移，引起穿越频率 ω_c 的增大，而相频特性曲线不变。其结果是由于开环增益的加大，使稳态误差减小，系统的稳态精度提高。穿越频率 ω_c 的增大，使系统的快速性得到改善，但也使相位裕量减小，相对稳定性变差。

由于调整 P 控制的比例系数相当于调整系统的开环增益，对系统的相对稳定性、快速性和稳态精度都有影响，因此比例系数的确定要综合考虑，某种程度上一种折中的选择。但有时候光靠调整比例系数，是无法同时满足系统的各项性能指标要求的。因此，需要使比例控制会同其他控制规律，如微分控制与积分控制一起应用，才会得到较高的控制质量。

6.4.2 PD 控制——比例-微分控制器

PD 控制器如图 6-21 所示。

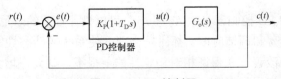

图 6-21 PD 控制器

其关系式为

$$u(t) = K_P\left[e(t) + T_D\frac{\mathrm{d}}{\mathrm{d}t}e(t)\right] \quad (6.28)$$

传递函数为

$$G_c(s) = K_P(1 + T_D s) \quad (6.29)$$

式中,T_D 为微分时间常数。

PD 控制器中的微分作用能反映偏差信号的变化趋势,对偏差信号的变化进行"预测",这就能在偏差信号值变得太大之前,引入早期纠正信号,从而加快系统的响应能力,并有助于增加系统的稳定性。微分作用的强弱取决于微分时间常数 T_D。T_D 越大,微分作用就越大。

正确地选择微分时间常数 T_D 是极为关键的,合适的 T_D 可以使系统的超调量 $\sigma\%$ 控制在合适的水平,且系统的调节时间 t_s 也可大大缩短。而如果 T_D 选得不合适,则系统的控制性能会受很大影响。例如 T_D 过大,即微分作用过强,使"预测"作用过于敏感,提前调节,这样会使系统输出尚未达到足够的强度时即被纠偏,其结果是调节时间 t_s 势必拖长。反之,如果 T_D 过小,即微分作用过弱,会使系统超调量很大,当然也无法缩短系统的调节时间 t_s。

例 6.3 图 6-22 所示为一个二阶系统,试分析采用 PD 控制对该系统控制性能的影响。

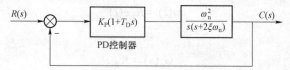

图 6-22 例 6.3 系统方块图

解:在未采用 PD 控制时,原系统闭环传递函数为二阶振荡环节:

$$\frac{C(s)}{R(s)} = \frac{\omega_n^2}{s^2 + 2\xi\omega_n s + \omega_n^2}$$

我们知道,系统阻尼比 ξ 对其动态指标如超调量 $\sigma\%$、调节时间 t_s 等有着至关重要的影响,是一个重要的参数。

对该系统施加 PD 控制,其闭环传递函数为

$$\frac{C(s)}{R(s)} = \frac{K_P(1+T_D s)\omega_n^2}{s^2 + 2\xi\omega_n s + K_P(1+T_D s)\omega_n^2} = \frac{K_P(1+T_D s)\omega_n^2}{s^2 + (2\xi\omega_n + K_P T_D\omega_n^2)s + K_P\omega_n^2}$$

阻尼比发生了变化,新的阻尼比为

$$\xi' = \xi + \frac{K_P T_D \omega_n}{2}$$

无阻尼自然频率也发生了变化,新的无阻尼自然频率为

$$\omega_n' = \omega_n\sqrt{K_P}$$

可见,选用合适的 PD 控制器参数 K_P 和 T_D,可以设计合适的阻尼比和无阻尼自然频率,从而使系统的超调量 $\sigma\%$ 和调节时间 t_s 都比较合理,使系统的动态性能得到优化。此外,还可以使系统相对稳定性改善,在保证相对稳定性的前提下,就允许增大系统的开环增益,间接地使系统的稳态性能也得到提高。

6.4.3 I 控制——积分控制器

具有积分控制规律的控制器，称为 I 控制器。I 控制器如图 6-23 所示。

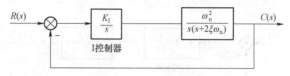

图 6-23 I 控制器

其关系式为

$$u(t) = K_I \int_0^t e(t) dt \qquad (6.30)$$

传递函数为

$$u(t) = \frac{K_I}{s} \qquad (6.31)$$

式中，K_I 为可调比例系数。由于 I 控制器的积分作用，当其输入 $e(t)$ 消失后，输出信号 $u(t)$ 有可能是一个不为零的常量。

在串联校正时，采用 I 控制器可以提高系统的型别（无差度），有利于系统稳定性能的提高，但积分控制使系统增加了一个位于原点的开环极点，使信号产生 90° 的相角滞后，对系统的稳定性不利。因此，在控制系统的校正设计中，通常不宜采用单一的 I 控制器。

6.4.4 PI 控制——比例-积分控制器

PI 控制器如图 6-24 所示。

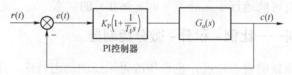

图 6-24 PI 控制器

其关系式为

$$u(t) = K_P \left[e(t) + \frac{1}{T_I} \int_0^t e(\tau) d\tau \right] \qquad (6.32)$$

传递函数为

$$G_c(s) = K_P \left(1 + \frac{1}{T_I s} \right) \qquad (6.33)$$

式中，T_I 为积分时间常数。

积分环节的引入使得系统的型别增加，其无差度将增加，从而使稳态精度大为改善。积分环节将引起 -90° 的相移，这对系统的稳定性是不利的，但比例微分环节的引入，又有可能使系统的稳定性和快速性向好的方向变化，适当选择两个参数 K_P 和 T_I，就可使系统的稳态和动态性能满足要求。PI 控制器中积分控制作用的强弱取决于积分时间常数 T_I。T_I 越大则积分作用越弱。在控制系统中，PI 控制器主要用于在系统稳定的基础上提高无差度，使稳态性能得以明显改善。

例 6.4 在图 6-25 所示的控制系统中加入了 PI 控制器，试分析它在改善系统稳态性能中的作用。

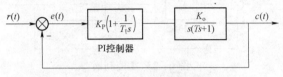

图 6-25 例 6.4 系统方块图

解： 在未加 PI 控制器时，系统的开环传递函数为

$$G_o(s) = \frac{K_o}{s(Ts+1)}$$

这是一个 I 型系统，其静差速度误差系数 $K_v = K_o$，若输入为斜坡信号 $r(t) = A_t t$，则稳态误差为 $e_{ss} = \frac{A_t}{K_v} = \frac{A_t}{K_o}$，即有固定稳态误差。

当采用 PI 控制后，系统的开环传递函数变为

$$G(s) = \frac{K_P K_o (T_I s + 1)}{T_I s^2 (Ts+1)}$$

系统从一阶提高到二阶，其静态速度误差系数 $K_v = \infty$，若同样输入斜坡信号 $r(t) = A_t t$，则稳态误差为 $e_{ss} = \frac{A_t}{K_v} = 0$，即消除了稳态误差。由此可以看出 PI 控制器的效果。由于积分累加的效应，使得当系统偏差 $e(t)$ 降为零时，PI 控制器仍能维持一恒定的输出作为系统的控制作用，这就使得系统有可能运行于无静差（即 $e_{ss} = 0$）的状态。

6.4.5 PID 控制——比例-积分-微分控制器

如果既需要改善系统的稳态精度，也希望改善系统的动态特性，这时就应考虑 PID 控制器。PID 控制器实际上综合了 PD 和 PI 控制器的特点，在低频段，PID 控制器中的积分控制规律，将使系统的无差度提高一阶，从而大大改善了系统的稳态性能；在中频段，PID 控制器中的微分控制规律，使系统的相位裕量增大，穿越频率提高，从而使系统的动态性能改善；在高频段，PID 控制器中的微分部分会放大噪声，使系统的抗高频干扰能力降低。

总的来说，由于 PID 控制器有三个可调参数，它们不但在设计中，而且在系统现场调试中都可以足够灵活地调节，并且像比例、积分、微分等这些术语的物理概念都很直观，目的性明确。因而 PID 控制器受到工程技术人员的欢迎，相对于串联校正更具有工程实用上的优越性。

比例-积分-微分控制器各有其优缺点，对于性能要求高的系统，单独使用其中一种控制器有时达不到预想效果，可组合使用。PID 控制器的方程如下：

$$u = K_P e + K_t \int_0^t e \mathrm{d}t + K_D \frac{\mathrm{d}e}{\mathrm{d}t} \tag{6.34}$$

其传递函数表示为

$$G(s) = K_P + \frac{K_I}{s} + K_D s \tag{6.35}$$

其方框图如图 6-26 虚线框内所示。

由于在 PID 控制器中，可供选择的参数有 K_P、K_I 和 K_D 三个，因此在不同的取值情况下，可以得到不同的组合控制器。其伯德图如图 6-27 所示。

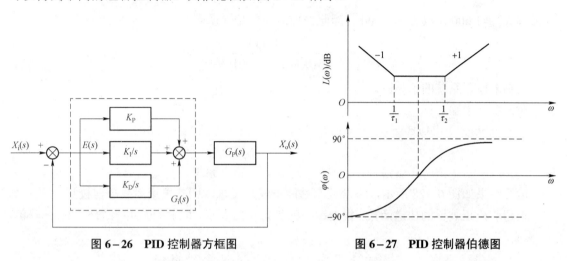

图 6-26　PID 控制器方框图　　　　图 6-27　PID 控制器伯德图

PID 控制原理简单，使用方便，适应性强，可以广泛应用于机电控制系统，同时也可用于化工、热工、冶金、炼油、造纸、建材等各种生产部门，同时 PID 调节器鲁棒性强，即其控制品质对环境条件变化和被控制对象参数的变化不太敏感。对于系统性能要求较高的情况，往往使用 PID 控制器。在合理的优化 K_P、K_I 和 K_D 的参数后，可以使系统具有提高稳定性、快速响应、无残差等理想的性能。

6.5　MATLAB 在校正中的应用

对于不满足要求的系统，必须对其进行校正，在经典控制理论中，可以采用频特性法进行分析和校正，主要借助的是伯德图。当然，MATLAB 的 Simulink 工具箱提供专门用于系统分析的工具，感兴趣的读者可以自行学习。

6.5.1　串联超前校正

借助伯德图对系统进行校正时，若系统动态性能不满足要求，可以对伯德图在穿越频率附近提供一个相位超前角，达到系统对稳定裕量的要求，而保持低频部分不变，即采用串联超前校正。

例 6.5　已知单位负反馈系统的传递函数为

$$G(s) = \frac{K_o}{s(0.1s+1)(0.001s+1)}$$

试用伯德图分析法对系统进行校正，使之满足

（1）系统的单位斜坡响应的稳态误差 $e_{ss} \leqslant 0.001$；

(2) 校正后系统的相位裕量 γ 在 $45°\sim 55°$。

解: 由系统的传递函数可知系统为 I 型系统,其单位斜坡信号的速度误差系数为 $K_v = K_o$,系统的稳态误差为

$$e_{ss} = \frac{1}{K_v} = \frac{1}{K_o} \leqslant 0.001$$

得 $K_v = K_o \geqslant 1\,000$,取 $K_v = 1\,000$。因此被控对象的传递函数为

$$G(s) = \frac{1\,000}{s(0.1s+1)(0.001s+1)}$$

绘制未校正系统的伯德图。

在命令行中输入:

```
>>num=[1 000];den=conv([1,0],conv([0.1,1],[0.001,1]));
                        %定义分子分母矢量
>>sys=tf(num,den);margin(sys)    %建立系统,绘制伯德图
```

运行结果如图 6-28 所示,系统动态性能不满足要求,因此采用串联超前校正。

求超前校正装置的传递函数。根据题中的稳定裕量要求,取 $\gamma = 55°$ 并附加 $5°$,即 $\gamma = 60°$。

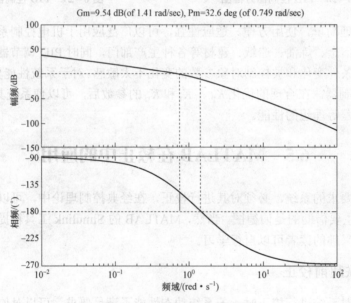

图 6-28 未校正系统伯德图

设超前校正装置的传递函数为 $G_c(s) = \dfrac{Ts+1}{\alpha Ts+1}$,计算超前校正装置传递函数的 MATLAB 程序(M 文件)如下:

```
Num=[1 000];den=conv([1,0],conv([0.1,1],[0.001,1]))
                        %定义分子分母矢量
sys=tf(num,den)         %建立系统
[mag,phase,w]=bode(sys) %绘制伯德图,返回幅频和相频特性
```

```
gama=(55+5)*pi/180;alfa=(1-sin(gama))/(1+sin(gama));
                                %求取 α
am=10*log10(alfa);magdb=20*log10(mag);
wc=spline(magdb,w,am)           %求取 ω_{c2}
T=1/(wc*sqrt(alfa))             %求取 T
Gc=tf([T,1],[alfa*T,1]          %建立校正装置传递函数
```
运行结果：`transfer function:`
`0.01951 s +1`
`0.0014 s +1`

即校正装置的传递函数为

$$G_c(s) = \frac{Ts+1}{\alpha Ts+1} = \frac{0.0191s+1}{0.0014s+1}$$

验证校正装置是否满足系统的性能指标要求。

在 MATLAB 命令行中输入：

```
>>sys=tf([1 000],conv([1,0],conv([0.1,1],[0.001,1])));
>>margin(Gc*sys)
```

运行结果如图 6-29 所示，从图中可以看出，满足系统要求。

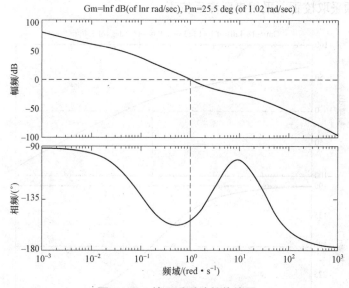

图 6-29 校正后系统的伯德图

6.5.2 串联滞后校正

借助于伯德图进行校正时，若系统稳态性能不满足要求，可以对伯德图保持低频段不变，将中频段和高频段的幅值加以衰减，使之在中频段的特定点处，达到系统对稳定裕量的要求，即采用串联滞后校正。

例 6.6 已知单位负反馈系统的传递函数为

$$G(s) = \frac{K_o}{s(0.1s+1)(0.02s+1)}$$

试用伯德图分析法对系统进行串联滞后校正，使之满足

（1）系统的单位斜坡响应的稳态误差 $e_{ss} \leq 0.04$；

（2）校正后系统的相位裕量 $\gamma > 45°$；

（3）系统校正后的穿越频率 $\omega_c \geq 3$ rad/s。

解：由系统的传递函数可知系统为 I 型系统，其单位斜坡信号的静态速度误差系数为 $K_v = K_o$，系统的稳态误差为 $e_{ss} = \frac{1}{K_v} = \frac{1}{K_o} \leq 0.04$，得 $K_v = K_o \geq 25$，取 $K_o = 25$。因此，被控对象的传递函数为

$$G(s) = \frac{25}{s(0.1s+1)(0.02s+1)}$$

绘制未校正系统的伯德图。在命令行中输入：

```
>>num = [25];den = conv([1,0],conv([0.1,1],[0.02,1]));
                        %定义分子、分母矢量
>>sys = tf(num,den);margin(sys);    %建立系统，绘制伯德图
```

运行结果如图 6-30 所示，从图 6-30 中可以看出，虽然系统稳定，但是相位裕量不满足系统要求，必须采取校正，采用串联滞后校正。

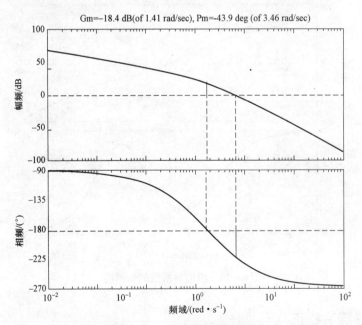

图 6-30 未校正系统伯德图

求滞后校正系统的传递函数。根据滞后校正的原理，求滞后校正装置传递函数的 MATLAB 程序如下：

```
>>wc = 3;k0 = 25;sum = 1;den = conv([1,0],conv([0.1,1],[0.02,1]));
>>na = polyval(k0*sum,j*wc);da = polyval(den.j*wc);
```

```
>>g = na/da;g1 = abs(g);h = 20*log10(g1);beta = 10^(h/20);    %求β
>>T = 1/(0.1*wc);bt = beta*T;
>>Gc = tf([T,1],[bt,1])              %求校正装置的传递函数
```

程序执行后，得到滞后校正装置的传递函数为

$$G_c(s) = \frac{Ts+1}{\beta Ts+1} = \frac{3.333s+1}{26.56s+1}$$

验证校正后系统是否满足性能要求。

在 MATLAB 命令行中输入：

```
>>sub1 = [25];den1 = conv([1,0],conv([0.1,1],[0.02,1]));
>>sys1 = tf(sub1,den1);
>>sys = sys1*Gc;                     %求校正后系统的开环传递函数
>>margin(sys)                        %绘制伯德图
```

运行结果如图 6-31 所示，从图中可以看出，满足系统要求。

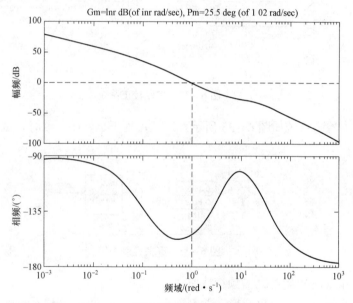

图 6-31 校正后系统的伯德图

习　题

6-1　在系统综合和设计中，常用的性能指标有哪些？

6-2　系统在什么条件下采用超前校正、滞后校正或滞后-超前校正？为什么？

6-3　设单位反馈系统的开环传递函数为

$$G_o(s) = \frac{K}{s(s+1)}$$

试设计一串联超前校正装置，使系统满足如下指标：

(1) 相角裕度 $\gamma \geq 45°$；

(2) 在单位斜坡输入下的稳态误差 $e_{ss}(\infty) < \dfrac{1}{15}$ rad/s；

(3) 截止频率 $\omega_c \geq 7.5$ rad/s。

6-4 已知一单位反馈系统，其固定不变部分传递函数 $G_o(s)$ 和串联校正装置 $G_c(s)$ 分别如图 6-32（a）和图 6-32（b）所示。

要求：(1) 写出校正后各系统的开环传递函数；

(2) 分析各 $G_c(s)$ 对系统的作用，并比较其优缺点。

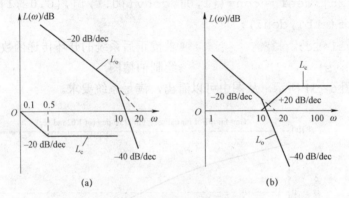

图 6-32 串联校正系统

6-5 开关控制系统如图 6-33 所示。当开关处于 A、B 位置时，试分别求解下列问题。

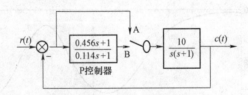

图 6-33 开关控制系统

(1) 绘出系统的开环对数幅频特性曲线；

(2) 求出系统的开环相角裕度，并判断系统的稳定性；

(3) 当输入 $r(t) = t$ 时，求出系统的稳态误差；

(4) 比较系统的暂态性能指标 $\sigma\%$、t_r 和 t_s。

(5) 开关接到 B 时，增加的是什么环节？它起什么作用？

6-6 MANUTEC 机器人具有很大的惯性和较长的手臂，其实物图如图 6-34（a）所示。机械臂的动力学特性可以表示为

$$G_o(s) = \dfrac{250}{s(s+2)(s+40)(s+45)}$$

要求选用图 6-34(b)所示控制方案，使系统阶跃响应的超调量小于 20%，上升实践小于 0.5 s，调节时间小于 1.2 s（$\Delta = \pm 2\%$），静态速度误差系数 $K_v \geq 10$。试问：采用超前校正网络

$$G_c(s) = 1\,483.7 \times \frac{s+3.5}{s+33.75}$$ 是否合适？

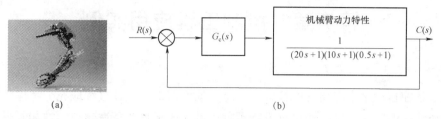

图 6-34 机器人控制
（a）机械臂；（b）框图模型

6-7 两台机械手相互协作，试图将一根长杆插入另一物体，已知单个机器人关节的反馈控制系统为单位反馈控制系统，被控对象为机械臂，图 6-35 所示为双手协调机器人：

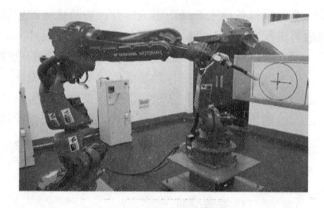

图 6-35 双手协调机器人

其传递函数为 $G_o(s) = \dfrac{4}{s(s+0.5)}$，要求设计一个串联超前-滞后校正网络，使系统在单位斜坡输入时的稳态误差小于 0.012 5，单位阶跃响应的超调亮小于 25%，调节时间小于 3 s（$\Delta = \pm 2\%$），并要求给出系统校正前后的单位阶跃输入响应曲线。试问：选用网络是否合适？

$$G_c(s) = \frac{10(s+2)(s+0.1)}{(s+20)(s+0.01)}$$

第 7 章 控制工程应用实例

控制系统在自动化生产装备中具有十分重要的作用，其设计过程应充分考虑生产工艺的具体要求和装备的应用领域、使用对象等多种因素。在符合经济性、科学性和开发周期要求的基础上设计和实施装备的机械测控系统，并进行最终的安装和调试。

7.1 控制系统的设计方法

控制系统往往是一个机械设备或生产线的组成部分。按照传统的模式，是先进行机械结构的设计和制造，然后再进行电气控制部分（包括传感采集）的设计。从现在的技术发展来看，这种模式已经过时了，必须在设备的总体设计阶段就考虑到测控系统的构成，换言之，控制系统的设计应当与设备或生产线的设计与制造同步进行。某些工作如机械系统的建模应当在设备的工程设计开始之前就完成，然后才能据此进行整个机械设备的设计和制造。当机械设备的工程设计完成时，与控制系统配套的管路图、线路图也应当同步完成，且保证相互之间无干涉和冲突。图 7-1 所示为控制系统的设计流程。

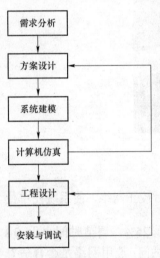

图 7-1 控制系统的设计流程

1. 需求分析

需求分析包括多个方面的工作，首先是要进行产品的市场调查与市场分析。不论该控制系统是单独的产品，还是自动化装备的一部分，都需要进行这项工作。市场调查与预测是产品开发成败的关键性一步。市场调查就是运用科学方法，系统地、全面地收集有关市场需求和经销方面的情况和资料，分析研究产品在供需双方之间进行转移的状况和趋势。而市场预测就是在市场调查的基础上，运用科学方法和手段，根据历史资料和现状，通过定性的经验分析或定量的科学计算，对市场未来的不确定因素和条件做出预计、测算和判断，为企业提供决策依据。在市场分析的基础上，要对测控系统的具体需求进行详细分析。从系统的性能要求、操作者的技术素质、装备的自动化程度等不同的方面给出机械测控系统的量化指标。

2. 方案设计

对各种构思和多种方案进行筛选，选择较好的可行方案进行分析组合和概述评价，从中再选几个方案按机电一体化产品系统设计评价原则和评价方法进行深入的综合分析评价，最后确定实施方案。根据综合评价确定的基本方案，从技术上按其细节逐层全部展开。

3. 系统建模

系统建模是在方案设计的基础上，建立系统的数学模型。对于难以用解析法建立系统模型的对象，要采用实验的方法对系统参数进行辨识，并根据工程经验建立起模型，包括系统框图和各环节的传递函数。

4. 计算机仿真

为了降低控制系统开发的成本和风险，同时加快开发过程，可以用多种仿真方法，对前面所设计的方案在仿真软件中进行建模和仿真。一方面可以对不同方案的执行效果进行比较和判断，另一方面可以为后续的工程设计提供较为优化的系统参数。目前较为通用的仿真软件包括 Adams 等应用软件，也可以在 Adams 的基础上和科学计算软件 Matlab 进行联合仿真，以期达到较为直观的仿真结果。

5. 工程设计

包括标准控制及扩展方案的讨论，机器控制的顺序与方法的确定，接口设计，控制回路设计及整个机电一体化产品整体回路的设计，联锁及安全的设计，液电、气动、电气、电子器件清单及备品清单的编制，还包括测控系统安装用的面板结构图、电气箱布线图等用于具体生产和安装的工程图纸。

6. 安装与调试

这一过程一般是在现场来完成的，在完成了机械测控系统的组装或者与设备的集成之后，应结合设备的运转，对测控系统存在的问题进行完善。同时将控制系统的机械参数和电参数进行调整和优化，直到设备处于较为正常的装备。如果仍存在不能解决的问题，就要找到原因，重新回到工程设计阶段，对相关的机械部件和电路部件重新设计和制作，直到解决问题。

7.2 单级倒立摆的建模与控制

7.2.1 倒立摆的结构与工作原理

倒立摆是机器人技术、控制理论、计算机控制等多个领域、多种技术的有机结合，其被控系统本身又是一个绝对不稳定、高阶次、多变量、强耦合的非线性系统，可以作为一个典型的控制对象对其进行研究。最初研究开始于 20 世纪 50 年代，麻省理工学院（MIT）的控制论专家根据火箭发射助推器原理设计出一级倒立摆实验设备。近年来，新的控制方法不断出现，人们试图通过倒立摆这样一个典型的控制对象，检验新的控制方法是否有较强的处理多变量、非线性和绝对不稳定系统的能力，从而从中找出最优秀的控制方法。

由于控制理论的广泛应用，由此系统研究产生的方法和技术将在半导体及精密仪器加工、机器人控制技术、人工智能、导弹拦截控制系统、航空对接控制技术、火箭发射中的垂直度控制、卫星飞行中的姿态控制和一般工业应用等方面具有广阔的利用开发前景。倒立摆可以比较真实的模拟步行机器人的稳定控制等方面的研究。图 7-2 所示为单级倒立摆实物。

7.2.2 系统的数学模型

因为倒立摆是一个复杂、多变量、存在严重非线性、

图 7-2 单级倒立摆实物

非自制的不确定系统,在没有外界强加控制力的作用下,摆球将在任何微小的扰动作用下,偏离竖直方向的平衡位置向任何方向倾倒。所以为了达到对系统控制的目的,外界需提供一个力,使得摆杆与竖直方向的夹角保持接近于零,即摆杆能尽量处于平衡处,单级倒立摆能处于稳定状态。

研究系统都是从数学模型开始的,而数学模型又是在力学分析和运动分析的基础上进行抽象与对物理条件进行理想化来得到的。

这里将小车的物理环境进行二维理想化之后,如图7-3所示,将单级倒立摆状态参数统计于表7.1。

表7.1 单级倒立摆状态参数

物理表达式	数值	物理意义
μ	可变量	外界作用力
y	可变量	小车瞬时位置
l	1 m	摆杆长
m	0.1 kg	摆球质量
M	1 kg	小车质量
θ	可变量($\theta \approx 0°$)	摆杆与竖直方向夹角
$y + l\sin\theta$	可变量	摆球瞬时位置

在理想情况下(忽略杆子质量,驱动电机本身动力学特性及各种摩擦和风力的影响),倒立摆简易受力示意图如图7-3所示。

采用隔离法,分别对小车和摆球做受力分析,如图7-4所示。

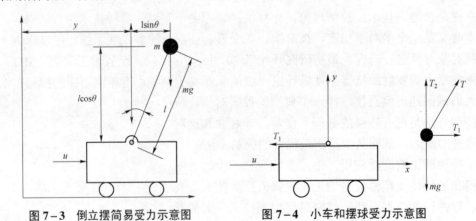

图7-3 倒立摆简易受力示意图　　图7-4 小车和摆球受力示意图

对于小车,在水平方向有

$$\mu - T_1 = M \frac{\mathrm{d}^2 y}{\mathrm{d} t^2} \tag{7.1}$$

对于摆球,在水平方向有

$$T_1 = m \frac{\mathrm{d}^2 (y + l\sin\theta)}{\mathrm{d} t^2} \tag{7.2}$$

在竖直方向有

$$mg - T_2 = m\frac{d^2(l\cos\theta)}{dt^2} \tag{7.3}$$

摆球围绕其质点转动方程为

$$T_2 l\sin\theta - T_1 l\cos\theta = \frac{ml^2}{12}\frac{d^2\theta}{dt^2} \tag{7.4}$$

7.2.3 系统线性化

显然，后三个方程实属非线性方程，因此有必要进行线性化处理才可以得出其数学模型。如图 7-2 所示，假定单级倒立摆得到有效的控制，处于稳定状态，此时 θ 很小，近于零，可做以下线性化处理：

① $\theta^2 = 0$；② $\dot{\theta}^2 = 0$；③ $\theta\dot{\theta} = 0$；④ $\sin\theta = \theta$；⑤ $\cos\theta = 1$。

上述方程线性化后最终形式如下：

$$\mu - T_1 = M\ddot{y} \quad T_1 = m(\ddot{y} + l\ddot{\theta}) \quad T_2 l\theta - T_1 l = \frac{ml^2}{12}\ddot{\theta} \quad T_2 = mg \tag{7.5}$$

若选定系统的输入变量为 μ，输出变量为 θ，则消去中间的状态变量 y、T_1、T_2，最后所得关于摆杆与竖直方向夹角 θ 的线性微分方程如下：

$$\left[Ml + \frac{l}{12}(m+M)\right]\ddot{\theta} - (m+M)g\theta = -\mu \tag{7.6}$$

经过拉氏变换后的系统传递函数模型如下：

$$G(s) = \frac{\theta(s)}{\mu(s)} = -\frac{1}{\left[Ml + \frac{1}{12}(m+M)\right]s^2 - (m+M)g} \tag{7.7}$$

7.2.4 倒立摆的 PID 控制器设计

代入表 7.1 中的具体数据后，可得传递函数为

$$G(s) = -\frac{1}{s^2 - 10} \tag{7.8}$$

给系统加入反馈回路 $H(s) = K_1 s + K_2$，并于前向通道串联 $R(s) = K_3$，所得闭环系统传递函数为

$$G'(s) = \frac{K_3 G(s)}{1 + G(s)H(s)} = \frac{-K_3}{s^2 - K_1 s - K_2 - 10} \tag{7.9}$$

若使系统稳定，则系统特征方程 $s^2 - K_1 s - K_2 - 10 = 0$ 的根皆位于左半平面，具有负实部。由此可取 $K_1 = -1$，$K_2 = -15$，$K_3 = -1$，即

$$G'(s) = \frac{1}{s^2 + s + 5} \tag{7.10}$$

若 PID 得控制器传递函数为

$$G_P = K_P\left(1 + \frac{1}{T_I s} + T_D s\right) \tag{7.11}$$

加入调节器之后的系统传递函数为

$$G'_P = G_P G'(s) = K_P \left(1 + \frac{1}{T_I s} + T_D s\right) \cdot \frac{1}{s^2 + s + 5} \qquad (7.12)$$

则单位负反馈系统传递函数：

$$\phi(s) = \frac{G'_P}{1 + G'_P} = K_P \frac{T_I T_D s^2 + T_I s + 1}{T_I s^3 + (T_I + K_P T_I T_D)s^2 + (5T_I + K_P T_I)s + K_P} \qquad (7.13)$$

7.2.5 MATLAB 系统仿真

1. 无 PID 控制

无 PID 控制时系统框图如图 7-5 所示。

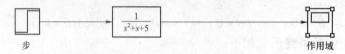

图 7-5　无 PID 控制时系统框图

无 PID 控制参与下的闭环系统传递函数见式（7.10），在 MATLAB 中的阶跃响应曲线如图 7-6 所示。

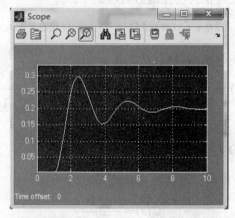

图 7-6　无 PID 控制时系统阶跃响应

2. 有 PID 控制

有 PID 控制时系统框图如图 7-7 所示。

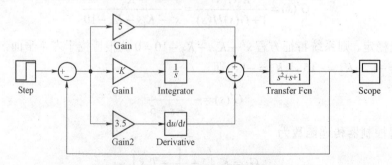

图 7-7　有 PID 控制时系统框图

最终的 PID 控制单位负反馈系统的传递函数见式（7.13），在 MATLAB 中的阶跃响应情况如图 7-8 所示。

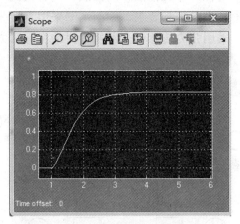

图 7-8　有 PID 控制时系统阶跃响应

经过多次参数的整定后，所得上述曲线的参数为

$$K_P = 5，K_I = 0.01，K_D = 3.5$$

比较图 7-8 与图 7-6 可以发现，在 PID 控制器的作用下，系统的稳态与动态性能都有所提高，尤其是超调量大大降低，调节时间缩短，系统响应加快，稳定性提高。实际上，利用 PID 控制器进行串联校正时，不仅仅可以使系统的型别提高一级，还可以提供两个负实零点，因此与单独的 P 或者 PI 调节器相比，PID 在提高系统动态性能方面占有更大优势，在各种工业控制场合得到了广泛的采用。总的来说，作为一个复杂、多变量、存在严重非线性、非自治不稳定的单级倒立摆系统，通过正确建立数学模型之后，在 PID 的校正作用下，于 MATLAB 中得到了较为理想的响应曲线，从而实现了对单级倒立摆的精确控制。

在具体实现倒立摆控制时，可以通过支持 Matlab 的计算机数据采集卡来实现。这类数据采集卡属于计算机接口设备，能够通过倾角传感器采集倒立摆的偏移数据，然后将上述计算得到的控制量通过采集卡的模拟量输出端口或通信端口传输到伺服电动机的控制器上，并最终实现倒立摆的控制。具体方法可参考相关资料。

对倒立摆还可以采用模糊控制、智能控制等新型的控制算法和策略。最后在仿真的基础上可以通过工控机来实现上述控制算法，并通过计算机的输入输出设备（接口板卡）对驱动倒立摆的伺服电动机进行控制，进而实现对倒立摆的实时调节与控制。

7.3　张力控制器的设计与应用

在造纸、纺织、冶金等行业，经常将最终制成品做成卷绕形式以便提高卷装容量，如纸卷、布卷、带卷等。卷绕过程中若卷材张力控制不均匀，将会出现断裂、起皱、松边等现象，所以需要对卷材的张力进行控制，以保持卷材张力恒定。本文从恒张力卷绕的控制要求出发，采用 PLC、变频器实现了卷绕辊恒线速度、卷材恒张力的控制。

7.3.1 控制系统的数学模型

卷材的张力控制方法有两种,即直接法和间接法。两者相比,直接法控制系统简单,而且控制精度较高,间接法不易满足控制要求,因而本书采用直接张力控制法,即在传动的卷材辊道上安装张力传感器,采用张力传感器来测量卷材的实际张力值,再通过张力调节器控制张力恒定。图 7-9 所示为典型卷绕控制系统的结构框图。

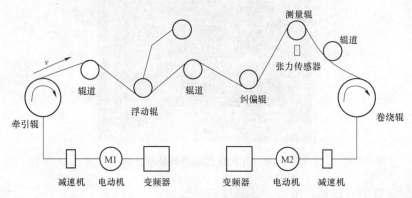

图 7-9 典型卷绕控制系统的结构框图

图 7-9 中,箭头所指方向是卷材的运动方向,牵引辊、卷绕辊分别由变频器控制的交流电动机 M1、M2 传动。设卷绕辊的瞬时速度为 $v_2(t)$,瞬时转速为 $n_2(t)$,瞬时半径为 $r_2(t)$,卷材的张力为 $F(t)$,牵引辊的瞬时速度为 $v_1(t)$,则关系式如下:

$$F(t) = k\Delta L_\tau \tag{7.14}$$

$$k\Delta L_\tau = \int_0^\tau \left[v_2(t) - v_1(t) \right] dt \tag{7.15}$$

$$v_2(t) = 2\pi r_2(t) n_2(t)/60 \tag{7.16}$$

$$r_2(t) = N \times 2 \times h + r_{20} \tag{7.17}$$

式中,k 为卷材的弹性系数;N 为卷材的卷绕层数;h 为单层卷材的厚度;r_{20} 为卷绕辊的初始卷径。

从式(7.14)~式(7.17)可以看出,卷材张力的大小与牵引辊、卷绕辊的速度差有关,即控制好牵引辊、卷绕辊的速度差就能控制卷绕的张力。本文对卷绕辊采用恒线速度控制,所以只需要控制好牵引辊的线速度就能实现卷绕系统恒张力控制的目标。

在卷绕过程中,卷绕半径是一个动态的变化过程,由式(7.16)可以看出卷绕辊的线速度随着卷绕半径在不断地变化,因此若要保持卷绕辊的线速度恒定,必须根据卷绕半径不断地调整卷绕辊的转速。从式(7.17)可以看出,卷绕半径由卷材的卷绕层数决定,因而可采用高速计数模块与分辨率为 1 024 的编码器相连,记录编码器信号,进而计算出卷材的卷绕层数。设高速计数模块的瞬时计数值为 C_{n1},关系式如下:

$$N = \frac{C_{n1}}{1\,024} \tag{7.18}$$

依据 Δt 时间内高速计数模块的计数值之差可以近似算出卷绕辊的实际瞬时转速,设卷绕辊的实际瞬时转速为 $n_2'(t)$,关系式如下:

$$n_2'(t) = \frac{|C_{n1} - C_n|}{1\,024} \times \frac{60}{\Delta t} \tag{7.19}$$

式中，C_n 为计数值 C_{n1} 之前 Δt 时间的瞬时计数值。

7.3.2 控制系统的实现方案

我们选用西门子公司 300 系列 PLC 作为控制器、TP177B 触摸屏作为操作界面，CPU 为带集成 DP 口的 313C-2DP。同时，选用与 S7-300 可编程控制器匹配的高速计数模块 FM350-1 对编码器的高频信号计数、西门子通用变频器 MM440 对交流电动机调速。变频器与 S7-300 之间选用 Profibus-DP 通信方式。

由控制系统的数学模型可知：卷绕过程的控制可分为两个部分，一个是卷绕辊的恒线速度控制，另一个是卷材的恒张力控制。

1. 卷绕辊的恒线速度控制

卷绕辊的恒线速度控制过程示意图如图 7-10 所示。使用 Step7 软件编程时，设置循环中断组织块 OB35 的循环中断时间值等于图 7-10 中的 Δt，并在该组织块中读取高速计数模块 FM350-1 的计数值，通过程序即可计算出瞬时的实际转速 $n_2'(t)$ 及卷绕层数 N。在触摸屏中输入卷绕辊的初始卷径 r_{20}、单层卷材厚度 h 以及给定的恒线速度值 $v_2(t)$，通过串行通信接口传送至 S7-300 的数据块中，经过 S7-300 的编程组态软件 Step7 计算出卷绕辊的瞬时理论转速 $n_2(t)$，再转换成变频器的控制字传送给卷绕变频器，由变频器每隔时间 Δt 对卷绕电动机进行一次调速，实现对卷绕辊的恒线速度控制。

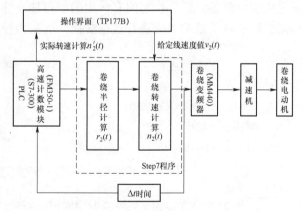

图 7-10 卷绕辊的恒线速度控制过程示意图

2. 卷材的恒张力控制

基于 PLC 与变频器的恒张力控制过程示意图如图 7-11 所示，图中的虚线部分由 PLC 实现，PID 控制器采用的是 PLC 内部的 PID 控制器。卷绕过程中，空卷与满卷的转动惯量变化比较大，因此需要采用可变 PID 参数。在自动卷绕时，可通过 PLC 的比较跳转指令来实现 PID 参数值的转换；在手动卷绕时，可通过触摸屏在不同时刻的实际情况输入不同的 PID 参数值。

张力传感器所测的信号经过自身处理器滤波、放大、转换等处理后传送至 PLC 的模拟量输入端，即为图中的张力反馈值。张力反馈值与触摸屏输入的张力给定值运算后，得到一个张力偏差量。张力偏差量经过 PID 控制器处理后获得一个控制量，Step7 程序将该控制量转换成变频器控制字后通过 DP 总线传送给牵引变频器，牵引变频器对牵引电动机进行调速，进而实现了卷材的恒张力控制。在 Step7 程序中，可以设置当张力反馈值接近张力给定值的 90%时再采用 PID 控制器，这样可以增加系统的响应速度。

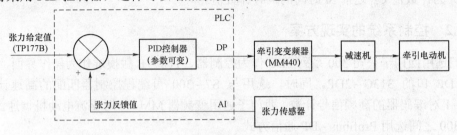

图 7-11 基于 PLC 与变频器的恒张力控制过程示意图

在上述的两种控制过程中，由于张力传感器的测量辊是固定的，不能吸收张力的峰值，所以牵引辊、卷绕辊的加减速不可以太快。

7.3.3 控制系统的编程组态

S7-300 PLC 的编程组态软件 Step7 不是一个单一的应用程序，而是由一系列应用程序构成的软件包。

1. 程序结构

为了方便阅读和调试，Step7 采用结构化编程方式，将任务分解为若干个小任务块（FC 或者 FB），小任务块还可以分解成更小的任务块，任务块通过编程指令完成各自的任务，OB1 通过调用这些任务块来完成整个任务。任务块之间有一定的相对独立性，同时也存在一定的关联性，它们彼此之间需根据控制系统的要求进行数据交换。恒张力控制系统的程序结构如图 7-12 所示。

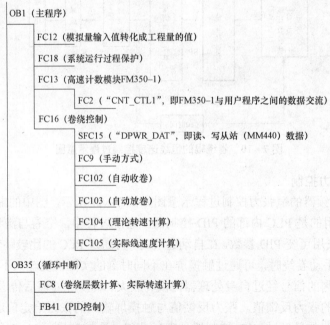

图 7-12 恒张力控制系统的程序结构

2. PID 控制

Step7 提供有 PID 控制软件包，该软件包包括 3 个功能块：FB41、FB42 和 FB43。其中 FB41 "CONT_C" 用于连续控制，FB42 "CONT_S" 用于步进控制，FB43 "PULSEGEN" 用于脉冲宽度调制。这些功能块是系统固化的标准位置式 PID，运算过程中循环扫描、计算所需的全部数据均存储在分配给 FB 的背景数据块里，可以无限次调用。

卷材的恒张力 PID 控制器选用 FB41 功能块。为了以固定时间间隔调用 FB41 功能块，我们在循环中断组织块 OB35 中调用该功能块，功能块 FB41 的参数赋值如图 7-13 所示。Step7 编程时，通过触摸屏手动输入的参数存放在数据块 DB15 中，命名为"给定参数"，实际反馈的参数存放在数据块 DB2 中，命名为"实际参数"。"给定参数"中的变量 F、P、I、D 分别对应着给定张力值 F、给定比例增益 P、给定积分时间常数 I、给定微分时间常数 D，分别传送给 FB41 的参数 SP_INT、GAIN、TI、TD。"实际参数"中的变量 F 对应着张力传感器反馈的实际张力值，传送给 FB41 的参数 PV_IM。FB41 中，参数 GAIN、TI、TD 并联作用，需通过使能开关 P_SEL、I_SEL、D_SEL 单独激活，所以选用 M100.2 给这 3 个使能开关同时赋值；参数 COM_RST 用于重启 PID，复位 PID 参数；开关量参数 MAN_ON 提供手动模式和自动模式的选择；参数 CYCLE 为采样时间，应该与 OB35 设定的循环中断时间一致；参数 LMN_PER 为 I/O 格式的 PID 输出值。

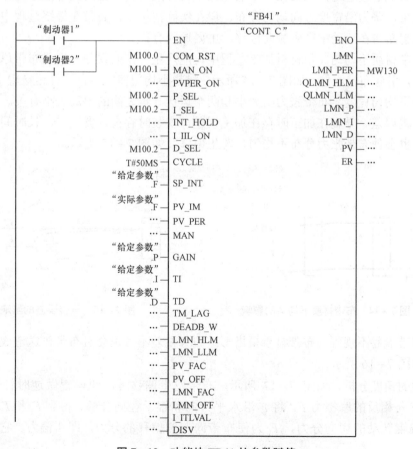

图 7-13 功能块 FB41 的参数赋值

基于 PLC 与变频器实现了卷绕辊恒线速度、卷材恒张力系统的控制。该控制系统具有很高的实用价值，已经成功应用于纺织印染设备和造纸设备中。运用结果表明，不论是大卷、小卷、加速、减速、激活、停车都能保证收卷、放卷过程的平稳性以及卷材张力的恒定。

7.4 纠偏系统的设计与应用

布带缠绕工艺要求带状材料匀速、稳定地沿着缠绕方向进行缠绕。尽管采取了许多保持布带缠绕方向的措施，但布带偏移仍不可避免地出现。布带展开变形易使布带产生皱褶现象，若不及时进行纠偏，将引起材料分布不均、边缘质量超差等质量缺陷，严重影响缠绕成型质量。

早期研究的缠绕机只有简单的手动纠偏机构，纠偏效果主要取决于操作者的经验，不符合现代自动化生产的需求。为了增强纠偏效果，提高生产率及生产过程的自动化水平，减少生产过程的人工干预，提高缠绕质量，必须对智能纠偏控制系统进行研究。因此必须设计一套完整的布带纠偏装置。

7.4.1 缠绕偏移分析

布浸胶后沿导辊运动，如果在一定的摩擦阻力界限之内，带材上各点运动方向与辊子的中心线成直角，张力沿宽度方向均匀分布。但在实际情况中，布带在缠绕过程中受到某些因素影响，引起布带在运动中产生侧向位移，主要原因有：

（1）布带材质不均匀。带材料加工过程中可能产生一定的误差，造成布带厚度不均，边缘参差不齐，引起布带跑偏。如图 7-14 所示，材料不均匀使布带在平行运送辊上引起偏移，其偏移量与不均匀程度、布带张力的大小和两个运送导辊之间的距离大小有关。

（2）导辊误差。导辊在加工时存在加工误差，安装时存在位置误差，长时间缠绕过程中细微的误差也会使布带张力分布不均匀，发生偏移，如图 7-15 所示。

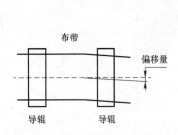

图 7-14 布带材质不均匀的影响

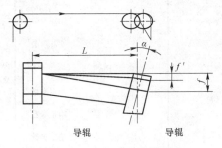

图 7-15 导辊误差的影响

（3）布带盘卷不规则。布带盘卷呈塔形或边缘参差不齐也会对布带传送造成影响，使布带跑偏，如图 7-16 所示。

从力学的角度分析，如图 7-17 所示。布带发生偏移时，纠偏辊做逆时针转动，布带受与运动方向相反的摩擦力 F。将 F 沿水平方向和辊子径向分解，得到 F_x 和 F_t，其中，F_t 为驱动纠偏辊转动的切向分力，F_x 为使布带向左侧偏移的分力，即纠偏力。它们的大小分别为

$$\begin{cases} F_t = F\sec\alpha \\ F_x = F\tan\alpha \end{cases} \tag{7.20}$$

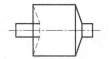

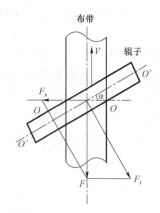

图 7-16 布带盘卷不规则　　　　图 7-17 布带受力分析

从运动学的角度分析,如图 7-18 所示。

布带发生偏移时,过渡辊在摩擦力矩 $F_t R$ 的作用下转动,其切向速度为 V_t。V_t 沿竖直方向和水平方向可以分解为 V 和 V_x,其中 V 为布带运行时的速度,V_x 为使布带向正常位置移动的速度,即纠偏速度。它们的大小为

$$\begin{cases} V = V_t \cos\alpha \\ V_x = V_t \sin\alpha \end{cases} \tag{7.21}$$

基于上述分析对纠偏装置进行设计,控制带材的偏移量,获得高质量的缠绕制品。

7.4.2　纠偏装置结构设计

纠偏装置机械部分基本结构如图 7-19 所示,包括纠偏辊、蜗轮蜗杆机构、过渡辊、支架等部分。

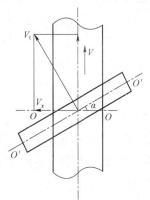 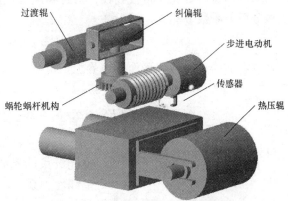

图 7-18 布带运动分析　　　　图 7-19 纠偏装置机械部分基本结构

纠偏辊带动布带在水平方向运动实现纠偏功能;过渡辊保证布带平稳运行,并且保证在经过传感器时与发光二极管始终垂直;传感器支架保证了发光二极管与传感器的距离小于 5 mm,且支架可以沿水平方向运动,方便用户根据工艺需求设定纠偏量。

7.4.3 纠偏控制系统设计

纠偏控制系统主要由光电检测器、工控机（IPC）、驱动装置组成。其工作原理如图7-20所示。

当布带产生侧向位置的偏移时，偏移量由光电检测器检测后转化为电信号，并由放大回路进行放大处理。工控机通过A/D转换卡读取该信号，然后由纠偏控制软件对信号进行计算输出，输出信号由驱动板卡转化为匹配步进电动机的控制信号，送给步进电动机，控制纠偏辊的位移，从而形成一个闭环控制系统。

光纤传感器由光纤、发光二极管和光敏三极管组成，如图7-21所示。

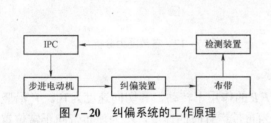

图7-20 纠偏系统的工作原理　　图7-21 光敏三极管及矩形光斑

光线照在被测带材表面后将形成一个矩形光斑，设光斑面积为S，当入射光通量为F时，其照度为

$$E = \frac{dF}{dS} \quad (7.22)$$

由于光斑很小，可认为照度均匀，则有

$$E = \frac{F}{S} \quad (7.23)$$

光照物体表面后，其光能将被吸收、折射和反射，按受光漫反射特性，单位面积的漫反射光通量与漫反射系数ρ相关，即

$$dF' = \rho dF = \rho E ds \quad (7.24)$$

设定光斑在布带边缘或两表面的边界上，若ρ_1、ρ_2分别为表面S_1、S_2的漫反射系数，则光通量为

$$F = \int dF' = \rho_1 E S_1 + \rho_2 E S_2 = \rho_2 E S + (\rho_1 - \rho_2) E S_1 \quad (7.25)$$

当布带表面性质稳定、光源照度稳定时，进入接收光纤束的光通量在一定偏移范围内与布带偏移量呈线性关系，如图7-22所示。

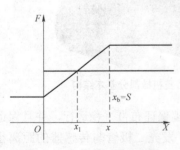

图9-22 位移与反射光通

显然，ρ_1、ρ_2差别越大，传感器灵敏度越高。而敏感元件与光纤的耦合率、反射回路中光纤及其连接部的透射率等因素，都只影响比例系数。在进行光源及系统设计时应使光敏三极管工作在光照特性曲线的线性段。

7.4.4 增量式 PID 控制算法

由图 7-17 可知,纠偏辊前倾角度为 α 时,摩擦力 F 所产生的纠偏力为 $F_x = F\tan\alpha$,在 α 角度较小的情况下可简化为 $F_x = F\alpha$,布带侧向偏移量随纠偏力 F_x 作用时间而增加,即

$$\Delta x = \int_0^t F\alpha \mathrm{d}t \tag{7.26}$$

纠偏可作为积分环节,步进电动机和传动系统可近似看作惯性环节,可以得到纠偏系统的功能方框图,如图 7-23 所示。

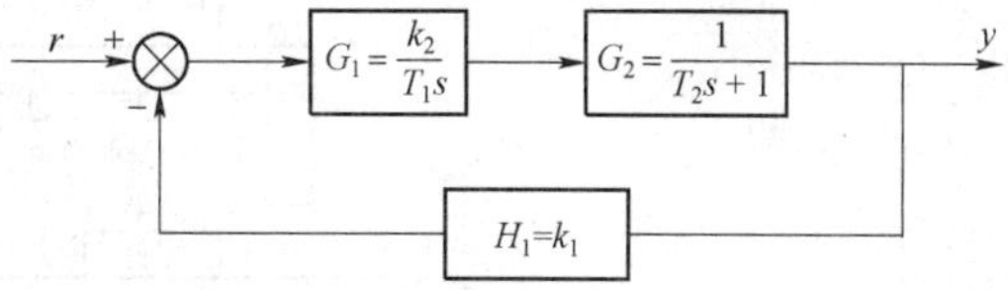

整个系统的传递函数为

$$G(s) = G_1 G_2 H_1 = \frac{k_1 k_2}{T_1 s(T_2 s + 1)} \tag{7.27}$$

图 7-23 纠偏系统功能方框图

$$G(\mathrm{j}\omega) = \frac{k_1 k_2}{T_1 \mathrm{j}\omega(T_2 \mathrm{j}\omega + 1)} \tag{7.28}$$

式中,k_1 为传感器的放大倍数;k_2 为电动机、放大器及机械装置总的放大倍数;T_1、T_2 为时间常数。

机械误差、传动元件和控制元件惯性的影响是客观存在的。这种影响对系统有一定延迟作用,其传递函数可表示为 $\mathrm{e}^{-\tau s}$,τ 为延迟时间,间隙越大,τ 越大。考虑延迟作用的传递函数为

$$G(\mathrm{j}\omega) = \frac{k_1 k_2}{T_1 \mathrm{j}\omega(T_2 \mathrm{j}\omega + 1)} \mathrm{e}^{-\tau \mathrm{j}\omega} \tag{7.29}$$

采用增量式 PID 控制算法只需要之前的 3 个采样时刻的偏差,无须做累加,计算误差对控制量影响较小,其表达式为

$$\Delta u_i = u_i - u_{i-1} = k\left[e_i - e_{i-1} + \frac{T}{T_1}e_i + \frac{T_D}{T}(e_i - 2e_{i-1} + e_{i-2})\right] \tag{7.30}$$

PID 控制流程图如图 7-24 所示。

缠绕实验过程中,人为使布带发生偏移,观察纠偏装置工作状态。通过大量实验验证,整个系统运行平稳,纠偏效果显著。经检测,自动纠偏缠绕制品偏差最大约为 0.8 mm,而手动纠偏的最大偏差为 1.8 mm,纠偏效果得到大幅度提高,制品的边缘质量得到明显改善。

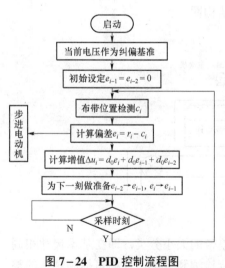

图 7-24 PID 控制流程图

习 题

7-1 结合机械测控系统的基本概念和原理对如图 7-25 所示的热处理炉的测控系统进行分析和设计。该热处理炉采用天然气作为能源,传动链将待处理的零件送入炉内按照热处

理工艺进行处理后送出炉外，炉温通过天然气控制阀进行调节。

（1）对炉温测量的传感器进行选型；

（2）画出炉温闭环控制的系统框图并进行说明；

（3）设计整个测控系统的结构，画出其组成框图，并进行工作过程的说明。

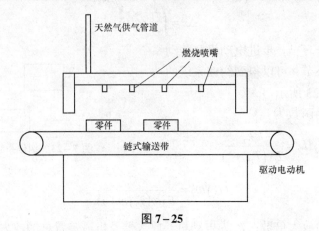

图 7-25

7-2 结合机械测控系统的基本概念和原理分析如图 7-26 所示的定量配料机进行测控系统的分析和设计。

（1）对物料称重所需的传感器进行选择；

（2）画出单个给料机物料定量输出的闭环控制的系统框图，并进行说明；

（3）对整个配料机的测控系统进行分析，画出总体结构图。

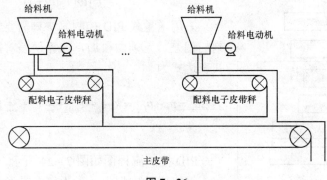

图 7-26

7-3 在轴承的制造过程中，需要对滚珠按照其公差带的大小分类，即在基本尺寸相同的前提下，对滚珠的公差偏大、偏小、中等三种情形进行检测和分类，这样可提高轴承的整体质量。试设计该测控系统的方案和主要的技术构成。

附录一 常用函数的拉氏变换

序号	$x(t)$ 或 $x(n)$	$X(s)$
1	$\delta(t)$	1
2	$\delta(t-nT_0)$	$\mathrm{e}^{-nT_0 s}$
3	$1(t)$	$\dfrac{1}{s}$
4	$1(t-nT_0)$	$\dfrac{\mathrm{e}^{-nT_0 s}}{s}$
5	t	$\dfrac{1}{s^2}$
6	t^2	$\dfrac{2}{s^3}$
7	$t^n, n=1,2\cdots$	$\dfrac{n!}{s^{n+1}}$
8	e^{-at}	$\dfrac{1}{s+a}$
9	$\dfrac{1}{T}\mathrm{e}^{-t/T}$	$\dfrac{1}{Ts+1}$
10	$t\mathrm{e}^{-at}$	$\dfrac{1}{(s+a)^2}$
11	$t^n\mathrm{e}^{-at}, n=1,2\cdots$	$\dfrac{n!}{(s+a)^{n+1}}$
12	$1-\mathrm{e}^{-at}$	$\dfrac{a}{s(s+a)}$
13	$\dfrac{1}{T_1-T_2}\left(\mathrm{e}^{-t/T_1}-\mathrm{e}^{-t/T_2}\right)$, $T_1 \neq T_2$	$\dfrac{1}{(T_1 s+1)(T_2 s+1)}$
13	$\dfrac{1}{b-a}\left(\mathrm{e}^{-at}-\mathrm{e}^{-bt}\right), a\neq b$	$\dfrac{1}{(s+a)(s+b)}$
13	$\mathrm{e}^{-at}-\mathrm{e}^{-bt}, a\neq b$	$\dfrac{a-b}{(s+a)(s+b)}$
14	$\dfrac{1}{a}\left(at-1+\mathrm{e}^{-at}\right)$	$\dfrac{a}{s^2(s+a)}$

续表

序号	$x(t)$ 或 $x(n)$	$X(s)$
15	$1+\dfrac{1}{T_1-T_2}\left(T_1\mathrm{e}^{-t/T_1}-\mathrm{e}^{-t/T_2}\right)$, $T_1\neq T_2$	$\dfrac{1}{s(T_1 s+1)(T_2 s+1)}$
	$\dfrac{1}{ab}+\dfrac{1}{b-a}\left(\dfrac{\mathrm{e}^{-bt}}{b}-\dfrac{\mathrm{e}^{-at}}{a}\right), a\neq b$	$\dfrac{1}{s(s+a)(s+b)}$
	$1-\dfrac{b\mathrm{e}^{-at}-a\mathrm{e}^{-bt}}{b-a}$	$\dfrac{ab}{s(s+a)(s+b)}$
16	$1-\dfrac{T+t}{T}\mathrm{e}^{-t/T}$	$\dfrac{1}{s(Ts+1)^2}$
17	$\sin\omega t$	$\dfrac{\omega}{s^2+\omega^2}$
18	$\cos\omega t$	$\dfrac{s}{s^2+\omega^2}$
19	$\mathrm{e}^{-at}\sin\omega t$	$\dfrac{\omega}{(s+a)^2+\omega^2}$
20	$\mathrm{e}^{-at}\cos\omega t$	$\dfrac{s+a}{(s+a)^2+\omega^2}$

附录二　部分习题参考答案

第1章

1-1　开环控制是控制指令发出后,执行机构按照指令执行,控制对象的响应情况由运行人员自行监视。结构比较简单,成本比较低,其缺点是由于没有反馈回路,控制精度较低,输出一旦偏离设定值无法自行校正。

闭环控制系统比开环控制系统多了一个调节器,调节器接收控制对象的响应反馈,同运行人员设定值共同进入调节器,由调节器控制和调整输出的控制指令,最终使控制对象稳定在运行人员设定的设定值。闭环系统具有突出的优点,包括精度高、动态性能好、抗干扰能力强等。其缺点是结构比较复杂,价格比较贵,对维修人员要求高。

1-2　稳定性、准确性、快速性

1-3

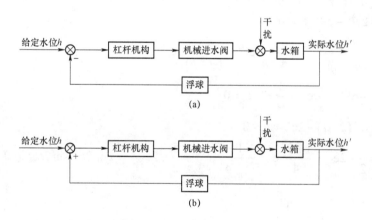

工作原理:

(a)水箱是控制对象,水箱的水位是被控量,水位的给定值 h 由浮球顶杆的长度给定,杠杆平衡时,进水阀位于某一开度,水位保持在给定值。当有扰动时,水位发生降低(升高),浮球位置也随着降低(升高),通过杠杆机构是进水阀的开度增大(减小),进入水箱的水流量增加(减小),水位升高(降低),浮球也随之升高(降低),进水阀开度增大(减小)量减小,直至达到新的水位平衡。

(b)水箱是控制对象,水箱的水位是被控量,水位的给定值 h 由浮球顶杆的长度给定,杠杆平衡时,进水阀位于某一开度,水位保持在给定值。当有扰动时,水位发生降低(升高),浮球位置也随着降低(升高),通过杠杆机构是进水阀的开度减小(增大),进入水箱的水流量减小(增大),水位降低(降低),进水阀开度减小(增大),无法达到新的水位平衡。

第 2 章

2-1

(a) $\dfrac{dx_2}{dt} + \dfrac{K}{B} x_2 = \dfrac{dx_1}{dt}$

(b) $B\dfrac{dx_2}{dt} + (K_1 + K_2)x_2 = B\dfrac{dx_1}{dt} + K_1 x_1$

(c) $B\left(1 + \dfrac{K_1}{K_2}\right)\dfrac{dx_2}{dt} + K_1 x_2 = B\dfrac{K_1}{K_2} \cdot \dfrac{dx_1}{dt} + K_1 x_1$

2-2

$m_1 m_2 \dfrac{d^4 x_2}{dt^4} + (B_1 m_2 + B_2 m_1 + B_3 m_1 + B_3 m_2)\dfrac{d^3 x_2}{dt^3} + (K_1 m_2 + K_2 m_1 + B_1 B_2 + B_1 B_3 + B_2 B_3)\dfrac{d^2 x_2}{dt^2} +$
$(K_1 B_2 + K_2 B_1 + K_1 B_3 + K_2 B_3)\dfrac{dx_2}{dt} + K_1 K_2 x_2 = B_3 \dfrac{df}{dt}$

2-3

(1) $g(t) = \dfrac{a}{a+b} e^{-at} + \dfrac{b}{a+b} e^{bt}, t \geqslant 0$

(2) $g(t) = 2e^{-t} - e^{-2t}, t \geqslant 0$

(3) $g(t) = \dfrac{c-a}{(a-b)^2} e^{-at} + \dfrac{c-b}{a-b} te^{-bt} + \dfrac{a-c}{(a-b)^2} e^{-bt}, t \geqslant 0$

(4) $g(t) = \dfrac{1}{9} e^{-4t} + \dfrac{1}{3} te^{-t} - \dfrac{1}{9} e^{-t}, t \geqslant 0$

(5) $g(t) = e^{-t}(2-t) - 2e^{-2t}, t \geqslant 0$

(6) $g(t) = \dfrac{5}{2} - 2e^{-t} - \dfrac{1+2j}{4} e^{-2jt} - \dfrac{1-2j}{4} e^{2jt} = \dfrac{5}{2} - 2e^{-t} - \dfrac{1}{2}\cos 2t - \sin 2t, t \geqslant 0$

2-4

(a) $\dfrac{U_o(s)}{U_i(s)} = \dfrac{R_2 + \dfrac{1}{C_2 s}}{R_2 + \dfrac{1}{C_2 s} + \dfrac{R_1 \cdot \dfrac{1}{C_1 s}}{R_2 + \dfrac{1}{C_2 s}}} = \dfrac{R_1 R_2 C_1 C_2 s^2 + (R_1 C_1 + R_2 C_2)s + 1}{R_1 R_2 C_1 C_2 s^2 + (R_1 C_1 + R_2 C_2 + R_1 C_2)s + 1}$

(b) $\dfrac{U_o(s)}{U_i(s)} = \dfrac{\dfrac{K_1 D_1 s}{K_1 + D_1 s}(K_1 + D_1 s)}{\dfrac{K_1 D_1 s}{K_1 + D_1 s} + (K_1 + D_1 s)} \Bigg/ \dfrac{K_1 D_1 s}{K_1 + D_1 s} = \dfrac{\dfrac{D_1 D_2}{K_1 K_2} s^2 + \left(\dfrac{D_1}{K_1} + \dfrac{D_2}{K_2}\right)s + 1}{\dfrac{D_1 D_2}{K_1 K_2} s^2 + \left(\dfrac{D_1}{K_1} + \dfrac{D_2}{K_2} + \dfrac{D_1}{K_2}\right)s + 1}$

对照（a）（b）的传递函数，如果使

$$u \leftrightarrow x$$
$$R \leftrightarrow D$$
$$C \leftrightarrow \frac{1}{K}$$

则（a）（b）系统的传递函数具有如下式所示相同的形式，故为相似系统

$$G(s) = \frac{T_1 T_2 s^2 (T_1 + T_2) s + 1}{T_1 T_2 s^2 + (T_1 + T_2 + T_3) s + 1}$$

2-5

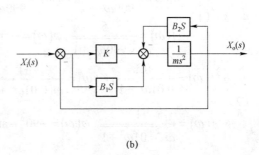

(a)   (b)

2-6

(a) $\dfrac{G_1(s) G_2(s) G_3(s)}{1 + G_2(s) G_3(s) G_4(s) - G_1(s) G_2(s) H_1(s)}$

(b) $\dfrac{G_1(s) [G_2(s) G_3(s) + G_4(s)]}{1 + G_1(s) G_2(s) H_1(s) + [G_2(s) G_3(s) + G_4(s)][G_1(s) - H_2(s)]}$

(c) $G_4(s) + \dfrac{G_1(s) G_2(s) G_3(s)}{1 + G_2(s) H_1(s) + G_2(s) G_3(s) H_2(s) - G_1(s) G_2(s) H_1(s)}$

第 3 章

3-1 $G(s) = \dfrac{2s + 42}{s(s+6)}$

3-2 $x_o(t) = \dfrac{13}{30} - \dfrac{13}{5} e^{-5t} + \dfrac{13}{6} e^{-6t}$

3-3 $x_o(t) = 1 - \dfrac{4}{3} e^{-t} + \dfrac{1}{3} e^{-4t}$, $x_o(t) = \dfrac{4}{3} e^{-t} - \dfrac{4}{3} e^{-4t}$

3-4   (1) $\dfrac{X_o(s)}{X_i(s)} = \dfrac{600}{(s+60)(s+10)}$；

(2) $\omega_n = 24.5 \text{ rad/s}, \xi = 1.43$

3-5 $\dfrac{1}{21}, \infty, \infty$

3-6 $0, \dfrac{2\xi}{\omega}, \infty$

3-7   (1) 不稳定；(2) 稳定；(3) 稳定；(4) 不稳定；(5) 稳定。

3－8　（1）$0 < K < \dfrac{109}{121}$；（2）不稳定；（3）$K > \dfrac{-1+\sqrt{201}}{4}$；（4）不稳定；（5）$K > 0.5$。

第4章

4－1　（1）6.02 dB；（2）1 398 dB；（3）20 dB；（4）32.04 dB；
（5）40 dB；（6）－40 dB；（7）0 dB；（8）$-\infty$ dB。

4－2　$T = 1$ s，$K = 12$

4－3　（1）$U(\omega) = \dfrac{5}{900\omega^2+1}$，$V(\omega) = \dfrac{-150\omega}{900\omega^2+1}$

$A(\omega) = \dfrac{5}{\sqrt{900\omega^2+1}}$，$\varphi(\omega) = -\arctan 30\omega$

（2）$U(\omega) = \dfrac{-0.1}{0.01\omega^2+1}$，$V(\omega) = \dfrac{-1}{\omega(0.01\omega^2+1)}$

$A(\omega) = \dfrac{1}{\omega\sqrt{0.01\omega^2+1}}$，$\varphi(\omega) = -90° - \arctan 0.1\omega$

4－6　$x_0(t) = \dfrac{\sqrt{2}}{4}\sin\left(\dfrac{2}{3}\right)t$

4－7　$30.3\sin(2\pi t - 72.5°)$

4－8　（1）$\dfrac{K(\tau s+1)}{s^2(T_1 s+1)(T_2 s+1)}$　（2）$\dfrac{(\tau s+1)}{s^2(T_1 s+1)(T_2 s+1)}$

4－11　$M_r = 1.36$，$\xi = 0.4$

4－12　（1）1.12　（2）0.57　（3）1.1

4－13　系统特征方程式的根全部具有负实部的。

4－14　$\min\{T/T > 1/101\}$

4－15　$0 < K < 6$

4－16　不稳定

4－17　$0 < K < 8$

4－18　（a）稳定（b）稳定

4－19　稳定

4－21　（1）$0.9\sin(t + 24.8°)$

（2）$\dfrac{4}{5}\sqrt{5}\cos(2t - 55.3°)$

（3）$0.9\sin(t + 24.8°) - \dfrac{4}{5}\sqrt{5}\cos(2t - 55.3°)$

4－22　（1）$\dfrac{\sqrt{10}}{4}\sin(2t - 18.4°)$；

（2）$\dfrac{5}{\sqrt{29}}\sin(2t - 21.8°)$；

(3) $\dfrac{\sqrt{5}}{5}\sin(2t-10.3°)$

第 5 章

5-1 根轨迹是指当系统某个参数（如开环增益 K）由零到无穷大变化时，闭环特征根在 s 平面上移动的轨迹。

通过根轨迹图，可以立即分析系统的各种性能，包括稳定性、稳态性能和动态性能。

5-2 系统的开环传递函数可变换为

$$G(s)=\dfrac{k_g(s+4)}{(s^2+1)(s+5)}$$

式中，$k_g=\dfrac{5}{4}k$

（1）根轨迹的分支和起点与终点。由于 $n=3, m=1, n-m=2$，故根轨迹有 2 条分支，其起点分别为 $p_1=-5, p_2=\mathrm{j}, p_3=-\mathrm{j}$，终点分别为 $z_1=-4, z_2=\infty, z_3=\infty$。

（2）实轴上的根轨迹。实轴上的根轨迹分布区为 $(-\infty,-5]$

（3）根轨迹的渐近线。

$$\sigma_a=\dfrac{(-5+\mathrm{j}-\mathrm{j})-(-4)}{2}=-\dfrac{1}{2},\quad \varphi_a=\dfrac{\pi}{2},\dfrac{3\pi}{2}$$

（4）根轨迹的分离点。

$$\dfrac{1}{d-\mathrm{j}}+\dfrac{1}{d+\mathrm{j}}+\dfrac{1}{d+5}=\dfrac{1}{d+4}$$

解之，求得分离点坐标。

根据以上几点，可以画出概略根轨迹图。

5-3 ① 绘制系统的根轨迹图。由图 7-11（b）可知，系统开环传递函数

$$G(s)=\dfrac{K_1(s^2+1.5s+0.5)}{s(20s+1)(10s+1)(0.5s+1)}=\dfrac{K^*(s+0.5)(s+1)}{s(s+0.5)(10s+1)(0.5s+1)}$$

式中

$$K^*=0.01K_1$$

渐近线：交点与交角

$$\sigma_a=-0.325,\quad \varphi_a=\pm 90°$$

分离点：

$$\dfrac{1}{d}+\dfrac{1}{d+0.05}+\dfrac{1}{d+0.1}+\dfrac{1}{d+2}=\dfrac{1}{d+0.5}+\dfrac{1}{d+1}$$
$$d=-0.022$$

根轨迹与虚轴交点：闭环特征方程为

$$s(s+0.05)(s+0.1)(s+2)+K^*(s+0.5)(s+1)=0$$

整理得

$$s^4 + 2.15s^3 + (0.305 + K^*)s^2 + (0.01 + 1.5K^*)s + 0.5K^* = 0$$

列劳斯表：

s^4	1	$0.305 + K^*$	$0.5K^*$
s^3	2.15	$0.01 + 1.5K^*$	
s^2	$0.3 + 0.302K^*$		
s^1	$\dfrac{0.003 - 0.622K^* + 0.453(K^*)^2}{0.3 + 0.302K^*}$		
s^0	$0.5K^*$		

令 $0.453(K^*)^2 - 0.622K^* + 0.003 = 0$，解得

$$K_1^* = 0.005, K_2^* = 1.368$$

令 $(0.3 + 0.302K^*)s^2 + 0.5K^* = 0$ 代入 $s = \mathrm{j}\omega$、K_1^* 及 K_2^*，解得

$$\omega_1 = 0.09, \omega_2 = 0.977$$

据此基于 MATLAB 软件包可画出系统概略根轨迹图。

由于 $K_1 = 100K^*$，因此使系统稳定的 K_1 值范围为 $0 < K_1 < 0.5$ 以及 $K_1 > 136.8$。

② 当 $K_1 = 280$ 时，确定系统单位阶跃输入响应。应用 MATLAB 软件包，得到单位阶跃输入时系统的输出响应曲线，同时可得到

$$\sigma\% = 92.1\%, t_s = 43.9s(\Delta = \pm 2\%)$$

显然，系统动态性能不佳。

③ 当 $K_1 = 280$ 时，确定系统单位阶跃扰动响应。应用 MATLAB 软件包，得到单位阶跃扰动输入下系统的输出响应曲线，从中可见，扰动响应是振荡的，但最大振幅约为 0.003，故可忽略不计。

④ 有前置滤波器时，系统的单位阶跃输入响应（$K_1 = 280$）。无前置滤波器时，闭环传递函数

$$\Phi_1(s) = \frac{2.8(s + 0.5)(s + 1)}{s^4 + 2.15s^3 + 3.105s^2 + 4.21s + 1.4}$$

有前置滤波器 $G_p(s) = \dfrac{0.5}{s^2 + 1.5s + 0.5}$ 时，闭环传递函数

$$\Phi_2(s) = G_p(s) \cdot \Phi_1(s) = \frac{1.4}{s^4 + 2.15s^3 + 3.105s^2 + 4.21s + 1.4}$$

可见，$\Phi_1(s)$ 与 $\Phi_2(s)$ 有相同的极点，但 $\Phi_1(s)$ 有 −0.5 和 −1 两个闭环零点，虽可加快响应速度，但却极大增加了振荡幅度，使超调量过大，而 $\Phi_2(s)$ 的闭环零点被前置滤波器完全对消，因而最终改善了系统动态性能。

应用 MATLAB 软件包，可以得到有前置滤波器时系统的单位阶跃响应曲线。

第 6 章

6-1 时域性能指标：峰值时间、调节时间、超调量、阻尼比、稳态误差；

频域性能指标：相角裕度、幅值裕度、谐振峰值、闭环带宽、静态误差系数。

6-2 当截止频率和相角裕度低于指标要求时，采用串联超前校正；当待校正系统已具

备满意的动态性能,仅稳态性能不满足指标要求,可以采用串联滞后校正以提高系统的稳态精度,同时保持其动态性能仍能满足性能指标要求;当待校正系统不稳定、且要求校正后系统的响应速度、相角裕度和稳态精度较高时,以采用串联滞后–超前校正为宜。

6–3 首先,确定开环增益 K。由于 $G_0(s)$ 为 I 型系统,$K_v = K$,而技术指标要求在单位斜坡输入下的稳态误差 $e_{ss}(\infty) < \dfrac{1}{15}$ rad,即

$$e_{ss}(\infty) = \frac{1}{K_v} < \frac{1}{15}$$

故取 $K = 20$,则待校正系统的传递函数为

$$G(s) = \frac{20}{s(s+1)}$$

绘制出待校正系统的对数幅频渐近曲线,如题图 6–1 所示。由题图 6–1 得待校正系统的截止频率 $\omega_c' = 4.47$ rad/s,算出待校正系统的相角裕度为

$$\gamma' = 180° - 90° - \arctan\omega_c' = 12.61°$$

由于截止频率和相角裕度均低于指标要求,故采用超前校正是合适的。

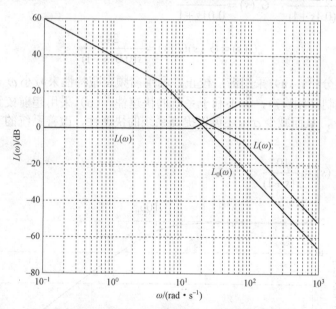

题图 6–1 待校正系统开环对数幅频渐近特性

试选取 $\omega_m = \omega_c'' = 8$ rad/s,由题图 8–1 查得 $L(\omega_c'') = -10.11$ dB,于是由

$$-L(\omega_c'') = 10\lg a, \quad T = \frac{1}{\omega_c''\sqrt{a}}$$

算得 $a = 10.26, T = 0.039$。因此,超前网络传递函数为

$$10.26 G_c(s) = \frac{1+0.4s}{1+0.039s}$$

为了补偿无源超前网络产生的增益衰减,放大器的增益应提高 10.26 倍,否则不能保证

稳态误差要求。

已校正系统的开环传递函数为

$$G_c(s)G(s) = \frac{20(1+0.4s)}{s(s+1)(1+0.039s)}$$

其对数幅频渐近曲线如题图 8-1 中 $L(\omega)$ 所示。显然，已校正系统 $\omega_c'' = 8$ rad/s，算出已校正系统的相角裕度为

$$\gamma = 180° + \varphi(\omega_c'') = 90° + \arctan 0.4\omega_c'' - \arctan \omega_c'' - \arctan 0.039\omega_c'' = 62.4° > 45°$$

此时，全部性能指标均已满足。

6-4 （1）校正前后系统的开环传递函数。由图 8-31 可知，各系统的固定不变部分，校正网络和校正后的传递函数如下：

（a） $G_o(s) = \dfrac{20}{s(0.1s+1)}$，$G_c(s) = \dfrac{2s+1}{10s+1}$

$$G(s) = G_o(s)G_c(s) = \frac{20(2s+1)}{s(0.1s+1)(10s+1)}$$

（b） $G_o(s) = \dfrac{20}{s(0.1s+1)}$，$G_c(s) = \dfrac{0.1s+1}{0.01s+1}$

$$G(s) = G_o(s)G_c(s) = \frac{20}{s(0.01s+1)}$$

（2）校正方案分析。（a）采用滞后校正，利用高频衰减特性来减小 ω_c，提高 γ，从而减少 $\sigma\%$；还可以抑制高频噪声，但不利于系统的快速性。（b）采用超前校正，利用相角超前特性来提高 ω_c 与 γ，从而减少 $\sigma\%$ 还可以提高系统的快速性，改善系统的动态性能；但高频干扰能力较弱。

6-5 （1） $G_k(s) = \dfrac{10}{s(s+1)}$

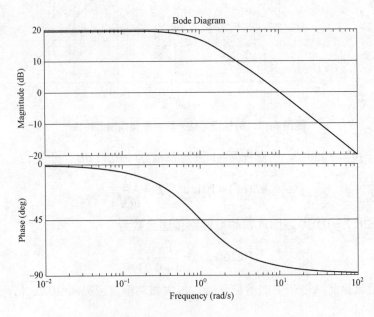

（2）45°；

（3）0.1；

（4）$G_b(s) = \dfrac{10}{s^2 + s + 10}$；

（5）开关接到 B 时，增加的是超前环节，它起到了增大稳定裕量的作用，即改善了原系统的稳定性，又提高了系统的截止频率，获得了较好的快速性。

6-6 开环传递函数

$$G_c(s)G_o(s) = \dfrac{370\,925(s+3.5)}{s(s+2)(s+33.75)(s+40)(s+45)}$$

$$= \dfrac{10.7\left(\dfrac{s}{3.5}+1\right)}{s\left(\dfrac{s}{2}+1\right)\left(\dfrac{s}{33.75}+1\right)\left(\dfrac{s}{40}+1\right)\left(\dfrac{s}{45}+1\right)}$$

可知

$$K_v = 10.7 > 10$$

闭环传递函数

$$\Phi(s) = \dfrac{370\,925(s+3.5)}{s(s+2)(s+33.75)(s+40)(s+45) + 370\,925(s+3.5)}$$

$$= \dfrac{370\,925s + 1\,298\,237.5}{s^5 + 120.75s^4 + 4\,906.25s^3 + 70\,087.5s^2 + 492\,425s + 1\,298\,237.5}$$

应用 MATLAB 可得校正后系统的单位阶跃响应曲线，仿真实线表明：$\sigma\% = 18\% < 20\%$，$t_r = 0.29s < 0.5s$，$t_s = 1.0s < 1.2s$，$K_v = 10.7 > 10$。设计指标全部满足，故该超前校正网络是合适的。

6-7 显然，选用的网络为超前-校正网络。校正后，系统开环传递函数

$$G_c(s)G_o(s) = \dfrac{40(s+2)(s+0.1)}{s(s+0.5)(s+20)(s+0.01)} = \dfrac{80(0.5s+1)(10s+1)}{s(2s+1)(0.05s+1)(100s+1)}$$

由 $G_c(s)G_o(s)$ 可见，静态速度误差系数 $K_v = 80$，系统在单位斜坡作用下的稳态误差 $e_{ss}(\infty) = \dfrac{1}{K_v} = 0.012\,5$ 满足指标中相关要求。

应用 MATLAB 可得系统校正前后的单位阶跃响应曲线。仿真曲线表明：校正后系统的 $\sigma\% = 23.6\% < 25\%$，$t_p = 0.7s$，$t_s = 2.4s < 3s (\Delta = 2\%)$，满足设计指标要求。

第 7 章

7-1 （1）应选用热电偶温度传感器；

（2）

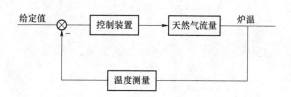

（3）这里按照基于 PLC 的控制方式来设计系统框图，如果选用单片机或者工控机，则应该按照其数据输入和输出的基本原理来设计相应的系统框图。

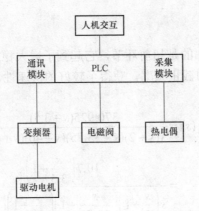

7-2 （1）传感器可选用应变式力传感器（或秤重传感器），也可选用压电式力传感器
（2）（3）可参考题 1

7-3 答题要点：

（1）传感器的选型，可以考虑用电感测微计或者光栅尺。

（2）控制器选用 PLC 或者工控机。采用电感测微计时应采用数据采集模块或者数据采集板卡，而采用光栅尺方式时，因为光栅尺已经是数字量传感器，应该考虑用通信方式获得光栅尺的数据。在控制方式上，因为本问题属于离散事件问题，只要进行逻辑判断即可。通过 PLC 中的逻辑判断来控制执行机构产生相应的动作。执行机构可以是气动方式，也可以是电动方式，采用机械手也是可行的方案。

参 考 文 献

[1] 王积伟,吴振顺. 控制工程基础(第二版)[M]. 北京:高等教育出版社,2010.

[2] 杨叔子,杨克冲,吴波. 机械工程控制基础[M]. 武汉:华中理工大学出版社,2002.

[3] 李友善. 自动控制原理[M]. 北京:国防工业出版社,2005.

[4] 张伯鹏. 控制工程基础[M]. 北京:机械工业出版社,1982.

[5] 朱骥北. 控制工程基础[M]. 北京:机械工业出版社,1990.

[6] 胡寿松. 自动控制原理简明教程[M]. 2版. 北京:科学出版社,2008.

[7] 王显正,莫锦秋,王旭永. 控制理论基础[M]. 2版. 北京:科学出版社,2007.

[8] 周雪琴,张洪才. 控制工程导论[M]. 西安:西北工业大学出版社,1986.

[9] 王积伟. 机电控制工程[M]. 北京:机械工业出版社,1995.

[10] 董景新,赵长德. 控制工程基础[M]. 北京:清华大学出版社,2003.

[11] 王积伟. 现代控制理论[M]. 2版. 北京:高等教育出版社,2010.

[12] 楼顺天,于卫. 基于MATLAB的系统分析与设计-控制系统[M]. 西安:西安电子科技大学出版社,1998.

[13] 徐昕,等. MATLAB工具箱应用指南——控制工程篇控制工程篇[M]. 北京:电子工业出版社,2000.

[14] 李人厚,等. 精通MATLAB综合辅导与指南[M]. 西安:西安交通大学出版社,1998.

[15] 陈小琳. 自动控制原理习题集[M]. 西安:西安电子科技大学出版社,1982.

[16] 符曦. 自动控制理论习题集[M]. 北京:机械工业出版社,1983.

[17] 胡寿松. 自动控制原理题海大全[M]. 北京:科学出版社,2008.

[18] 李培豪,等. 自动控制原理例题与习题[M]. 北京:电子工业出版社,1989.

[19] 王积伟,张祖顺,王蕊. 控制工程基础学习指导与习题详解[M]. 北京:高等教育出版社,2004.

[20] 陈花玲. 机械工程测试技术(第二版)[M]. 北京:机械工业出版社,2012.

[21] 曾光奇,等. 工程测试技术基础[M]. 武汉:华中科技大学出版社,2002.

[22] 熊诗波,黄长艺. 机械工程测试技术基础[M]. 北京:机械工业出版社,2013.

[23] 刘春. 机械工程测试技术(第2版)[M]. 北京:北京理工大学出版社,2009.

[24] 周俊. PID控制在单级倒立摆系统中的分析与应用[J]. 硅谷,2010(6):20-21.

[25] 刘东升,王守芳. 基于PLC与变频器的恒张力卷绕控制系统[J]. 制造业自动化,2011,33(16):131-133.

[26] 史耀耀,等. 基于数字PID控制的智能纠偏系统设计[J]. 机械制造,2009,47(7):43-34.

[27] 姚伯威,吕强. 机电一体化原理及应用[M]. 北京:国防工业出版社,2005.

[28] 周自强,机械工程测控技术[M]. 北京:国防工业出版社,2016.